FORSCHUNGSBERICHTE DES LANDES NORDRHEIN-WESTFALEN

Nr. 2247

Herausgegeben im Auftrage des Ministerpräsidenten Heinz Kühn
vom Minister für Wissenschaft und Forschung Johannes Rau

Prof. Dr.-Ing. Max Vater
Dr.-Ing. Ansgar Schütza

Institut für Bildsame Formgebung der
Rhein.-Westf. Techn. Hochschule Aachen

Untersuchungen über den Formänderungsverlauf beim Warmwalzen von Stahl in einfachen Streckkalibern in Abhängigkeit von der Kaliberform und den Abmessungsverhältnissen

Westdeutscher Verlag Opladen 1972

ISBN-13: 978-3-531-02247-5 e-ISBN-13: 978-3-322-88346-9
DOI: 10.1007/978-3-322-88346-9

Gesamtherstellung: Westdeutscher Verlag

Inhalt

1. Einleitung

Eine moderne Massenproduktion ist heutzutage ohne die Herstellungsverfahren der bildsamen Formgebung nicht denkbar. Große Mengen von Halbzeug und Fertigprodukte werden durch Warm-Walzen erzeugt. Der Umformvorgang bewirkt eine Verringerung des Querschnittes und erhöht die mechanischen und technologischen Eigenschaften des Walzgutes gegenüber jenen des gegossenen Ausgangsmaterials. Langgestreckte Vollquerschnitte aus Stahl, wie Stabstahl und Draht, sowie die zugehörigen Halbzeuge werden technisch-wirtschaftlich meist nur in Kalibern gewalzt. Neben Fertigkalibern, die in Form und Größe dem zu erzeugenden Walzgut entsprechen, werden sogenannte Streckkaliber verwendet. Diese Kaliber sind solche mit einfacher Geometrie, die eine große Streckwirkung auf das Walzgut ausüben. Sie gestatten, einen großen Ausgangsquerschnitt in relativ wenigen Arbeitsvorgängen (Stichen) auf einen kleinen Endquerschnitt zu reduzieren.

Die Technologie des Kaliberwalzens beruht i. w. auf den in der Praxis gesammelten Erfahrungen; aufgrund dieser Erfahrungen sind allgemeine Kalibrierungsregeln aufgestellt worden. Danach kann qualitativ die Streckwirkung in Abhängigkeit von der Kalibergeometrie, dem Walzendurchmesser und der Walzgeschwindigkeit abgeschätzt werden.

Wissenschaftliche Untersuchungen über das Walzen in Streckkalibern sind meist mit der Zielsetzung durchgeführt worden, die Gesamtformänderungen festzustellen und den Kraft- und Arbeitsbedarf zu ermitteln. Diese Daten dienen als Unterlage für die Auslegung der Walzgerüste und Antriebe.

Da die Anforderungen an die Qualität des Walzgutes fortlaufend größer werden, kann die zweckmäßigste Kaliberform nicht nur nach der Streckwirkung allein ausgewählt werden. Die Kalibrierung sollte so ausgelegt werden, daß Fehler am Walzgut, z. B. Risse und Fältelungen, möglichst nicht auftreten. Risse können dadurch entstehen, daß durch große örtliche Formänderungen z. B. die Grenzformänderung des Werkstoffes überschritten wird; Fältelungen haben ihre Ursache meist in Materialaufschiebungen, die durch die Kaliberform bedingt sein können.

Gegenstand der vorliegenden Arbeit ist es, die Verteilung der örtlichen Formänderungen über den Querschnitt des Walzgutes, für die wichtigsten Streckkaliberreihen zu untersuchen. Wenn der Stofffluß und die Verteilung der örtlichen Formänderungen bekannt ist, kann den Eigenarten jeden Werkstoffes bei der Auslegung von neuen Kalibrierungen Rechnung getragen werden, wodurch sich diese Walzfehler vermeiden lassen.

2.1 Erkenntnisstand

Da die Umformvorgänge im Werkstoff beim Walzen in Kalibern nicht einfach zu überblicken und versuchstechnisch schwer zu erfassen sind, wurden grundlegende Untersuchungen über den Stofffluß bzw. die örtliche Verteilung von örtlichen Formänderungen zunächst beim Stauchen von Zylindern angestellt. An Hand gestauchter Bleizylinder stellten Tresca (1) und Saint Venant (2) bereits 1865 fest, daß örtlich im umgeformten Körper die Formänderungen nicht gleich groß sind, und zwar nimmt vom Probenkern aus die Größe der Verformungen sowohl in Richtung des Zylindermantels als auch der Stirnflächen ab.

Eine plankonvexe Ausbildung der Zylinder-Mantelflächen wurde auf Reibung zwischen Preßplatten und Proben zurückgeführt. Ebenfalls durch den Einfluß einer Reibung wurde erklärt, daß die Mantelflächen des umgeformten Zylinders sich teilweise auf die Preßflächen umlegen. Ein Nachweis der Reibung konnte nicht erbracht werden.

Den Mechanismus der Verschiebungen der Materialteilchen stellte man sich ähnlich demjenigen, bei Fließvorgängen von Flüssigkeiten beobachteten vor. Ein Gedanke, der in neuerer Zeit aufgegriffen wurde und die Grundlage zur hydrodynamischen Theorie des Warmwalzens bildet (3).

Eine Erklärung für den verwickelten Materialfluß des Umformgutes schien zunächst die sogenannte Rutschkegeltheorie zu geben. Hierbei wird von der Vorstellung ausgegangen, daß sich beim Stauchen von Zylindern unter den Preßflächen kegelförmige Gebiete befinden, die nicht an der Verformung teilnehmen. Das verbleibende Material gleitet an diesen Kegeln ab (4; 5). Blaß und Brovot (6; 7) haben diese Theorie zur Begründung der Stoffverschiebungen beim Walzen herangezogen. An Hand von Stauchversuchen an Stahlproben hat Hübers (8) dargetan, daß an den Zylinderstirnflächen eine gewisse Gleitung in Breitenrichtung auftritt. An Warmstauchversuchen wurde von Siebel (9) die Erkenntnis gewonnen, daß unter den Preßflächen Zonen mit einem behinderten Materialfluß entstehen, die einen allmählichen Übergang zur Hauptformänderungszone im Kern des Umformgutes haben. Die seitlichen Zonen im Bereich des Zylindermantels erfahren hierbei eine geringere aber gleichmäßigere Stauchung über die Höhe. Die Erkenntnis, daß die Reibung zwischen Werkzeug und Umformgut einen entscheidenden Einfluß auf den Formänderungsvorgang hat, führte Siebel dazu, näherungsweise die Spannung in seitlicher Richtung in Form des Fließwiderstandes zu errechnen, um damit die Möglichkeit zu haben, den Spannungszustand zu ermitteln. Der Fließwiderstand wird um so größer, je weiter ein betrachtetes Materialteilchen von einer freien Fläche entfernt ist. Dadurch muß die Gleitung bei ebenen Platten von dem Rand zur Probenmitte hin abnehmen, wie auch Lange (10) nachgewiesen hat. Da der Werkstoff in Richtung des geringsten Widerstandes abfließt, muß die Art des Stoffflusses von der Probengeometrie abhängen. Derartige Fließschemata sind von Falk, Preußler (11; 12) aufgestellt und von Lange (10) experimentell ermittelt worden. In einer Rechtkantprobe fließt nach Falk der Stoff beim reibungsabhängigen Stauchen radial vom Flächenschwerpunkt zur nächstliegenden freien Kante. Das führt zur Ausbildung sogenannter Fließscheiden. Das Versuchsergebnis von Lange ergibt ein Fließschema, welches demjenigen von Falk ähnelt. Der Werkstoff fließt vom

Flächenmittelpunkt jedoch nicht auf Geraden, sondern entlang von Kurven mit hyperbolischem Charakter zur nächstliegenden freien Kante, wobei die Kurven sich nicht in jedem Falle rechtwinklig mit den Außenkanten schneiden.

Die Formänderungsverteilung beim Stauchen von zylindrischen Körpern ist von Nebe (13) mit der Verteilung der Normaldruckspannung in Beziehung gebracht worden. Seine Versuche ergaben, daß bei ungeschmierten Proben die Verteilung der Oberflächenvergrößerung mit dem entsprechenden Reibschubspannungsverlauf übereinstimmt. Zylindrische Proben im Bereich des Abmessungsverhältnisses $d_0/h_0 \sim 1$ zeigen, daß die örtlichen Gleitungsbeträge an der Oberfläche am kleinsten sind in Bereichen, in denen die größten Normaldrücke auftreten. Diese Feststellung kann aber nicht verallgemeinert werden, denn die Probengeometrie hat auf besagten Zusammenhang einen wesentlichen Einfluß.

Die Einflußgrößen, die auf den Formänderungsverlauf Auswirkungen haben, werden beim Walzverfahren vermehrt. Außer der Druckkraft P wird im Walzspalt das Drehmoment M_d wirksam, wodurch die Verteilung der Normaldruckkräfte und der Reibungsverhältnisse in der Umformzone gegenüber denen beim Stauchen zwischen planparallelen Platten wesentlich komplizierter wird. Die Folge davon ist eine verwickelte Formänderungsverteilung. Es wurde der Versuch unternommen, die Formänderungsverteilung ähnlicher Formgebungsverfahren zur Erklärung heranzuziehen, z. B. beim Stangenziehen oder aber auch beim Stauchen mit stufenweiser Höhenverminderung (14). Beim Stangenziehen liegt ein anderer Spannungszustand vor als beim Walzen, da eine Längszugspannung die Querkraft verursacht, und somit kann die Formänderungsverteilung keine annähernde Ähnlichkeit aufzeigen. Des weiteren darf nicht unberücksichtigt bleiben, daß im Ziehverfahren ein völliger Formzwang, beim Walzen jedoch nur teilweiser Formzwang herrscht. Den Ablauf des Walzvorganges, d. h. die kontinuierliche Höhenabnahme des Walzgutes beim Durchlauf durch den Walzspalt, dadurch zu simulieren, daß man Zylinderproben stufenweise im Bereich der für den Walzfall vorkommenden Abnahmen staucht, ergibt keinen annähernden Anhalt für den Stofffluß. Beim Walzen ist nämlich die Höhenabnahme nicht in jedem Teil der Preßflächen über die gedrückte Länge gleich. Kick und Hollenberg (15; 16) stellten fest, daß in Längsrichtung beim Walzen auf der Flachbahn die mittleren Schichten gegenüber den Randbereichen unter den Umformwerkzeugen zurückbleiben, eine Krümmung der im unverformten Zustand geraden senkrechten Schichten entgegen der Walzrichtung eintritt. Bemerkenswert ist die Beobachtung, daß im Walzgut bereits vor Eintritt in den Walzspalt Formänderungen ermittelt worden sind. Nach Hollenberg lassen diese Materialverschiebungen entgegen der Walzrichtung am Walzgut "eine Welle" vor dem Walzspaltanfang entstehen. Die Faserumlenkung entgegen der Walzrichtung ist durch zahlreiche weitere Untersuchungen (17; 18; 19) bestätigt worden. Kettner (18) konnte zeigen, daß die rückwärtige Umlenkung um so größer ist, je größere prozentuale Höhenabnahmen verwirklicht werden. Aufgrund der gezeigten Materialverschiebungen wurde die Vorstellung einer Fließscheidenausbildung auf den Walzfall übertragen (20; 21), wobei unter Annahme einer Relativgeschwindigkeit zwischen Walze und Walzgut zum Walzspaltende eine Voreilung und im Gebiet des Walzspaltanfanges ein Rückstau (16) der Materialteilchen entsteht. Die neutrale Grenze zwischen beiden Tendenzen ist die Fließscheide, eine Ebene in der das Walzgut die gleiche Geschwindigkeit hat wie die Umfangsgeschwindigkeit der Walzen. Der Abstand der Fließscheide vom Walzgutaustritt läßt sich nach Siebel berechnen (22) $x_F = l_d/2 - \Delta h/4 \mu$. Kettner (18) weist an Hand eigener Versuche nach, daß die Fließscheide entsprechend dem Versuchsaufbau, "Faserrückbiegung" genannt, wesentlich weiter vom Walzspaltende entfernt liegt, als es die Rechnung für den breitungsfreien Fall ergibt.

Die Breitung ist beim Flachbahnwalzen eine unerwünschte Erscheinung, da man bestrebt ist, eine möglichst große Streckung des Walzgutes zu erzielen. Der Stofffluß in Breitenrichtung ist grundsätzlich verschieden von demjenigen in Längsrichtung. Die Formänderungen sowie ihre Verteilung beim Walzen in den drei Raumkoordinaten verhalten sich anisotrop. Bereits Puppe (23) weist darauf hin, daß beim Walzen von Panzerplatten die seitliche Ausbildung unterschiedliches Aussehen haben kann. Das zeigt einen verschiedenartigen Stofffluß im Querschnitt bzw. eine unterschiedliche Formänderungsverteilung an. Es bilden sich die Kanten bei geringer Höhenabnahme konkav, im umgekehrten Fall konvex aus (24). Diese Feststellung wurde u. a. von Schmitt (25) konkretisiert, in dem die Form der Kantenausbildung in Beziehung zur Walzspaltgeometrie und der Walzgutbreite gebracht wird. Bei einem Verhältnis $l_d/h = 0,68$ werden die freibreitenden Kanten konkav ausgebildet, wenn die Walzgutbreite $b_0 = 1250$ mm beträgt. Konvexe Seiten entstehen bei einem l_d/h_0-Verhältnis von 0, 8 und 300 mm Walzgutbreite (in beiden Fällen ist der Walzendurchmesser $D = 1150$ mm). Modellversuche (26) haben den Übergang von konkav nach konvex bei einem $l_d/h = 0,65$ ergeben. Quadratische Ausgangsquerschnitte bauchen aus, wenn die Stichabnahme $\varepsilon_h = 33$ % beträgt ($l_d/h_0 = 0,8$) (25). Die größenordnungsmäßigen Beträge der Breitenzunahme als auch die unterschiedliche Kantenausbildung stehen seit jeher im Blickpunkt von Wissenschaftlern und Walzwerkern. Das Abfließen des Werkstoffes in die Breite beeinträchtigt den Streckvorgang. Die Breitung kann teilweise unterdrückt werden, wenn in Kalibern gewalzt wird. Eine falsche Einschätzung des Breitungsverhaltens eines Materials führt zu Unter- oder - viel schädlicher - Überfüllung. Selbst zum Erstellen einer Flachbahnkalibrierung muß die Breitenzunahme bekannt sein, um eine gleichmäßige Formgebung erzielen zu können. Aus diesem Grunde ist in verschiedenartiger Weise versucht worden, die auftretende Breitung rechnerisch zu erfassen, aufgrund durchgeführter Breitungsmessungen. Die empirisch aufgestellten Formeln (Tafel; Geuze; Siebel; Sedlaczek u. a. (27; 46)) berücksichtigen mehr oder weniger die Umformbedingungen. Die nicht erfaßten Einflußgrößen werden häufig in einem Korrekturfaktor, der aufgrund von Versuchen ermittelt wird, zusammengefaßt. Das führt dazu, daß die Breitung rechnerisch nur annäherungsweise vorausbestimmt werden kann.

Der Einfluß der Verformungstemperatur, der Werkstoffzusammensetzung und der Reibung auf die Formänderungen in Breitenrichtung wird unterschiedlich beurteilt. Falk und Scheld (28; 29) finden keine Abhängigkeit von den genannten Größen. Entgegen der Ansicht von Pomp (47) nimmt nach Tafel (14) sowie Siebel und Fangmeier (48) die Breitung bei höheren Temperaturen ab. Grosse und Gottwald (49) finden mit höheren Temperaturen zunehmende Breitung bis zu einem Größtwert im Bereich von 1000 bis 1080 °C - je nach Stahlqualität - und bei weiter steigenden Temperaturen geringere Breitungen. Keine merkliche Beeinflussung der Breitung von der Stahlzusammensetzung fanden Tafel und Knoll (34) sowie Pomp und Mitarbeiter (47). Spenlé (50) und Emicke und Pachaly (51) stellten eine Abhängigkeit der Breitenzunahme von der Stahlqualität fest. Cabane (52) stellt fest, daß bei gleichen Temperaturen legierte Stähle mehr breiten als unlegierte. Insbesondere ist eine Untersuchung von Grosse und Gottwald (49) zu nennen, die die Koeffizienten der maximalen Breitenzunahme in Abhängigkeit von verschiedenen Legierungselementen und Elementgruppen ermittelt haben. Die Breitung kann sich andererseits durch verschiedenartige Ausbildung des Zunders ändern (53). Damit gewinnen die Erwärmungsart (z. B. gasbeheizte Ofenwärmung - Widerstandserhitzung) und die Ofenatmosphäre indirekt Einfluß. Die Zunderart verursacht eine Veränderung der Reibungsverhältnisse.

Die Bemühungen um einen Zusammenhang zwischen Reibung und Breitung sind insbesondere auf Siebel (9) zurückzuführen. Danach wächst der Fließwiderstand in Breitenrichtung, der definitionsmäßig proportional dem Reibungskoeffizienten ist, vom seitlichen Rand zur Mitte zu. Unter dieser Voraussetzung breiten, in erster Linie wie schon Tafel (14) und Brovot (7) aussagen, die Randteile, während "die Stabmitte eine Neigung zur Streckung" zeigt, wobei keine Breitung in Erscheinung tritt. Umgekehrt nimmt die Breitung nach Cotel (54) und Metz (55; 56) vom Rand zur Stabmitte zu. Tafel und Pajunk (57) stellten fest, daß das örtliche Breitungsverhalten über dem Querschnitt beim Walzen auf der Flachbahn veränderlich ist. Die Berührungsflächen mit den Walzen breiten linear, abgesehen von schmalen Randzonen, die gegenüber der Mitte eine Breitungszunahme aufweisen. Die Beobachtung wird von Grosse und Gottwald (49) durch Versuche bestätigt. Demgegenüber zeigt Kettner (18) eine Abhängigkeit der Breitenänderung an der gedrückten Oberfläche vom Breiten-Höhenverhältnis b_0/h_0 der Ausgangsquerschnitte beim Walzen auf der Flachbahn. Hiernach ergibt sich für einen unlegierten Stahl bei einem Seitenverhältnis $b_0/h_0 \sim 0,5$ insgesamt eine Verschmälerung der gedrückten Breitseiten. Die Oberflächenteile am Rande werden mehr aufgestaucht als die in der Mitte. Quadratische ($b_0/h_0 = 1$) Proben zeigen in der Mitte ein Breitungsmaximum; die randnahen Teile werden gestaucht. Bei einem Seitenverhältnis von $b_0/h_0 = 2$ sind die Teilbreiten am Rande ebenfalls verkleinert. Gegenüber quadratischen Stäben wird hierbei kein Breitungsmaximum in der Mitte, sondern zwei Maxima seitlich der Mitte gefunden. Diese zuletzt genannte Tendenz der Breitungsverteilung wird für legierte Stähle bereits bei b_0/h_0-Verhältnissen von 1 beobachtet. Da ein verschiedenartiges Breitungsverhalten der Stähle vorliegt, sind die Beträge der ermittelten Teilbreitungen unterschiedlich groß.

Die Ausgangsabmessungen b_0/h_0 nehmen auf den Stofffluß bei gleicher Höhenabnahme Einfluß, weil sich die Verhältnisse von gedrückter Länge und Breite verändern und daraus resultierend die Reibungsverhältnisse über Länge und Breite des Walzspaltes. Die Breitung in verschiedenen zur Walzgutoberfläche parallel liegenden Ebenen über die Höhe der Probe haben Grosse und Gottwald (49) ermittelt, und zwar in einem Abstand von der Oberfläche von je 2 bzw. 3 mm in Richtung Probenmitte. Ausgehend von der Oberfläche, die lediglich in einem schmalen seitlichen Randstreifen breitet, nimmt bei quadratischen Ausgangsquerschnitten die Breitung in 2 mm Tiefe über die gesamte Breite geringfügig zu, wobei der Rand nicht in dem Maße breitet wie an der Oberfläche. In einer 4 mm unter der Oberfläche befindlichen Ebene bilden sich zwei Breitungsmaxima aus. In Richtung Probenkern verflachen diese Randmaxima, die Breitung in vertikaler Mitte nimmt zu bis sich eine Verteilung der örtlichen Breitung ausbildet, deren Größtwert in vertikaler Probenmitte zu den Seiten geringer wird und der eigentliche Rand Materialaufstauchungen in Breitenrichtung zeigt.

Für ein b_0/h_0-Verhältnis $\sim$ 2,0 ist ermittelt worden, daß mit Ausnahme der oberflächennahen Meßreihen die Formänderungsverteilung ziemlich gleichartig verläuft. Die Breitung ist linear über der Probenbreite und nimmt in einem schmalen Randstreifen ab. An der Oberfläche bzw. 2 mm unter der Oberfläche nimmt die Breitung ab, z.T. bis in den negativen Bereich und steigt am Rand über den Wert des linearen Bereiches im Mittelteil an.

Das Verhältnis b_0/h_0 der Ausgangsquerschnitte hat beim Kaliberwalzen nicht die Bedeutung wie beim Walzen auf der Flachbahn, da in Streckkaliberreihen üblicherweise quadratische Querschnitte angesteckt werden.

Über den Werkstofffluß beim Walzen in Kalibern hat als erster eingehend Metz (56) berichtet. Mit Hilfe von in Eisenknüppeln eingesetzten Schrauben können in einzelnen Querschnittsbereichen die Stoffverschiebungen gezeigt und gemessen werden. Die Untersuchung der Stiche Quadrat-Oval; Oval-Quadrat; Oval-Rund und Quadrat-Raute führte zu folgenden Ergebnissen. Durch die konkave Form der Ovalkaliber bedingt tritt keine Breitung der Grundseiten der eingeführten Quadratknüppel auf, sondern eine Verschmälerung. Dieses Verhalten fördert das Umwölben der frei breitenden Flächen auf die seitlichen Kaliberteile; damit verbunden breitet der Werkstoff in Richtung des Walzenschlusses am stärksten, und zwar über die ganze Seitenfläche. Die Querschnittsbereiche unter den Quadratkanten sind einer "Druckwirkung" ausgesetzt. Die Verminderung der Ovalhöhe geschieht nach Metz durch "Abscherung" und Verdrängung des Materials zur waagerechten Diagonalen des Quadrates. Im Ausgangszustand parallel zur Walzrichtung angeordnete Materialteilchen sind nach der Verformung entgegengesetzt zur Walzrichtung verschoben (s. a. Unckel (58)). Im Rückstich zum Quadrat wird festgestellt, daß die horizontale Diagonale wiederum stark breitet und die im Kalibergrund befindlichen Materialteilchen in Breitenrichtung gestaucht werden bis fast zur Tiefe des Kernes. Erst dort wird Breitung beobachtet. Bei einem zu hohen Oval kann durch "Abscherung" die Randzone örtlich ganz "abgeschert" und dadurch die Seigerungszone freigelegt werden. Es ist anzumerken, daß die von Metz gewonnenen Erkenntnisse auf Walzungen in Ovalkalibern mit einem Achsenverhältnis einerseits von $b/h = 1,8$ und andererseits $b/h > 2,4$ beruhen. Bei der Verformung eines unterfüllten Schlichtovals ($b/h \sim 1,4$) im Rundkaliber wird der Querschnitt nur in einem engbegrenzten Bereich der senkrechten Symmetrieachse gestaucht, der größte Teil des Querschnittes breitet. Ähnlich verhält sich der Materialfluß beim Quadrat, das aus einer Raute ($b/h \sim 1,3$) hergestellt wird. In dieser Stichfolge wird das Material nicht "abgeschert", sondern legt sich sanft an die Kaliberwände an. Die Vorstellung von Metz, daß der Werkstoff im Ovalkaliber "abschert", ist durch die verwendete Methode zur Beobachtung des Stoffflusses mittels eingelassener Schrauben und auf deren Anordnung im Versuchsmaterial bestimmt. Desweiteren muß angemerkt werden, daß die für die Untersuchung herangezogenen Stichfolgen unterschiedliche Querschnittsabnahmen ergaben. Die größeren Stichabnahmen der Kaliberfolge Quadrat-Oval-Quadrat haben zwangsläufig größere Materialbewegungen zur Folge als bei den Stichen

Raute-Quadrat und Oval-Rund. Eine Beurteilung der Kaliberfolgen ist aufgrund dieser Versuchsergebnisse nicht möglich, weil die angewandte Versuchsmethode lediglich eine überschlägliche Vorstellung bezüglich der örtlichen Formänderungen im Querschnitt vermittelt und weil die untersuchten Kaliber nicht zu vergleichen sind, da die Kaliber unterschiedliche Achsenverhältnisse hatten und dadurch verschiedene Streckgrade hervorriefen.

Die Fließvorgänge in der Kaliberreihe Quadrat-Oval-Quadrat an Hand von Kupfer- und Aluminium-Proben werden von Unckel (58) untersucht. Für das Walzen in Kalibern wird nachgewiesen, daß die örtliche Streckung über den gesamten Querschnitt nach Austritt des Walzgutes aus dem Walzspalt gleich groß ist, eine Erkenntnis, die beim Walzen auf der Flachbahn bereits beobachtet worden ist (14; 56; 59; 60). Aufgrund von Werkstofftrennungen in dieser Versuchsanordnung lassen sich Rückschlüsse auf die im Walzgut herrschenden Zugspannungen ziehen. Unterschieden wird zwischen dem Gebiet des Rückstaues und der Voreilung im Walzspalt. Im ersten Teilgebiet wird das Walzgut an der Oberfläche von den Walzen erfaßt. Die Oberfläche sucht sich der größeren Geschwindigkeit der Walzen anzupassen und wird dabei gestreckt. Aufgrund des Materialzusammenhanges wird die Längenformänderung der Oberfläche auf den Kern übertragen. Im Kern werden dadurch Zugspannungen erzeugt (56; 59; 61). Im Bereich der Voreilung wird die Oberfläche von dem aus dem Kern in Längsrichtung nachdrängenden Werkstoff zusätzlich gelängt, so daß nach theoretischen Überlegungen der Werkstoff in Oberflächennähe unter Zugspannung steht. Unckel (58) belegt diese Zusammenhänge durch die Veränderung von Kerben und eingeritzten Netzen an der Oberfläche, sowie an Hand der sogenannten "Knopflochbildung" im Innern der Proben, darunter ist eine Loslösung des umgebenden Walzgutes von eingefügten Bolzen zu verstehen.

Die Umwölbung der Querschnittsteilchen in Längsrichtung, wobei die Querschnittsmitte gegenüber dem Rand zurückbleibt, die durch die Verformung auf zylindrischen Walzen stattfindet (15; 16) hat ebenfalls Unckel (58) für das Walzen in Kalibern bestätigt gefunden. Sofern mehrere Stiche hintereinander mit gleicher Walzrichtung durchgeführt werden, vergrößert sich die Faserverkrümmung.

Im Ovalkaliber verformte Aluminiumknüppel zeigen, daß die Höhenabnahme an den den Kaliberöffnungen zugewandten Seiten des Probestabes am geringsten ist (die Ovalkaliber sind unterfüllt - die seitlichen Probeteile breiten frei). Die größte Höhenabnahme auf der horizontalen Mittellinie wird dagegen in einem Abstand von etwa 1/4 der Probenbreite, vom Rand aus gesehen, festgestellt. Im senkrechten Symmetriebereich ist der Werkstoff "aufgestaucht", d.h., es ist eine Breitenabnahme zustande gekommen. Die von Metz (55) gewonnenen Erkenntnisse werden bestätigt und erweitert, weil über den Querschnitt mehrere Meßstifte angeordnet waren, und zwar auf den zwei Symmetrieachsen parallel zu den Quadratseiten und auf der Diagonalen des Ausgangsquadrates. Diese Anordnung der Meßstifte wurde auch für die Stichfolge Oval-Quadrat verwendet. Die Höhenabnahme entlang der parallel zur Walzachse befindlichen Diagonalen der Stiche Oval-Quadrat steigt von den seitlichen Oberflächen zur Mitte hin an. Die Breitenzunahme im Gebiet der hierzu senkrechten Mittellinie ist am größten im Probenkern, fällt zu einem Minimum ab und steigt direkt am Probenrand.

Die Versuche zeigen für den Werkstoff Kupfer ein sehr ähnliches Ergebnis wie mit Aluminium. Aufgrund der erhaltenen Meßergebnisse des Breitungsverlaufes als auch der Umwölbungen ursprünglich ebener Querschnitte zeichnet Unckel (58) schematisch sogenannte "Stromlinienbündel", sowohl für die Einzeldurchgänge der Stiche Quadrat-Oval und Oval-Quadrat als auch nach der Stichkombination Quadrat-Oval-Quadrat. Diese Darstellungen geben einen Einblick in den Formänderungsverlauf, sind jedoch schon aus dem Grunde schematisch, weil die hierbei vorliegenden Messungen sich auf drei charakteristische Ebenen des verformten Querschnittes beschränken.

Unckel weist hierbei auf eine gewisse Ähnlichkeit des Formänderungsverlaufes in Breitenrichtung mit derjenigen beim Stauchen hin, und zwar in der Weise, daß sich je nach Kaliberform Quadrat und Oval die Breitung hauptsächlich auf die mittleren bzw. seitlichen Querschnittsteile auswirkt.

Gokyu und Saito (62) haben Modellversuche u. a. an den Stichen Quadrat-Oval und Quadrat-Raute mit Plastilin durchgeführt. Die Formänderungen wurden in Höhen-, Breiten- und an abgebremsten Stäben in Längsrichtung ebenfalls in charakteristischen Schnittflächen festgestellt. Die Präparierung der Proben erlaubt, im Hinblick auf bereits gezeigte Untersuchungen an Stahl, Messungen in engeren Bereichen durchzuführen. Diese Untersuchung bestätigt in Querrichtung nahe der seitlichen Probenbegrenzungen die von Unckel ermittelten Breitungsmaxima im Stich Quadrat-Oval. Qualitativ wird durch diese Versuche die Breitungsverteilung der von Unckel an Stahl ermittelten Ergebnisse erweitert. In der Mitte der horizontalen Achse wird ein schmaler Bereich konstanter Breitung beobachtet. Die Randmaxima sind etwa 1/6 der Länge der Halbachse von den seitlichen Oberflächen entfernt, wobei der Höchstwert ca. viermal größer ist als die Breitung in der Mitte.

Die Verteilung der örtlichen Breitung entlang der horizontalen Symmetrieachse bei Verformung von quadratischen Stäben in Rautekalibern ist bei Gokyu und Saito nicht so charakteristisch, wie die der Stiche Quadrat-Oval. Im Kern des Versuchskörpers tritt eine große Breitung in Erscheinung, die auf einen in etwa konstanten Wert in seitlicher Richtung abnimmt. In nächster Nähe des Walzspaltes findet man eine Breitungszunahme, deren Betrag den des Kernmaximums übersteigt. Das Ergebnis dieser Plastilinversuche besagt, daß die Verformung über den Querschnitt bei Verwendung von Rautekalibern gleichmäßiger ist als bei Benutzung von Ovalen, da zwischen maximaler und minimaler örtlicher Breitung nur geringere Differenzen in den Absolutwerten gefunden werden als im Ovalstich. Allerdings sind die Stichabnahmen unterschiedlich groß, und zwar beträgt die Streckung der Raute $\lambda = 1,45$ ($b/h \sim 1,7$) und die des Ovales $\lambda = 1,8$ ($b/h \sim 2,8$). Dieser Unterschied der Kaliberauslegung verhindert es, einen direkten Vergleich der gefundenen Versuchsergebnisse anzustellen. Qualitativ ähnliche Ergebnisse haben Aoki und Yanagimoto (63) für die Kaliberfolgen Raute-Raute und Oval-Oval gefunden, die ebenfalls Plastilin als Modellwerkstoff verwendet haben.

Neuhauß (64) untersucht den "Stofffluß an der Oberfläche" von in verschiedenen Streckkalibern gewalzten Stäben mit dem Ziel die Ursache für die Entstehung von Oberflächenfehlern zu erkennen. Darauf abgestimmt ist die Versuchsmethodik, die auf Feststellungen von Cramer aufbaut. Cramer (65) weist darauf hin, daß bei einer gleichmäßigen Verringerung einer Randschicht über den Probenquerschnitt nur geringe Oberflächenfehler gefunden werden, daß andererseits eine beachtliche Dickenzunahme die Gefahr von Fältelungsbildung nach sich zieht. An Hand der Dickenveränderung von aufgekohlten Randschichten nach der Umformung können Aussagen über den Stofffluß in Oberflächennähe gemacht werden. Neuhauß stellt die größte Dickenverminderung der Randschicht in den Probenbereichen fest, die einer direkten Druckkraft ausgesetzt sind. Die frei breitenden Umfangsteile der Proben erfahren eine geringere Abnahme zumeist aber eine Zunahme der Schichtdicken. Eine Dickenzunahme der Randschicht weist auf Materialaufschiebungen an der Oberfläche hin. Bezogen auf die Ausgangsschichtdicke wird bei Anwendung von Flachstichen die aufgekohlte Randschicht des gesamten Umfanges vermindert, und zwar in erhöhtem Maße entlang der Krafteinleitungsflächen. Die Schichtdickenverringerung an den frei breitenden Kanten ist nur geringfügig. Daß die Randschicht der frei breitenden Seiten überhaupt abnimmt, ist vermutlich durch die Ausbauchung der Proben bedingt. Sind die Seitenkanten konkav eingezogen, wie zum Beispiel bei Stauchstichen, so wird die Dicke der seitlichen Schicht vergrößert, am stärksten auf halber Kantenlänge. In Oval- und Trapez-Kalibern werden die Quadrate wie in Flachwalzen mit zwei Kanten parallel zur Walzenachse eingeführt. Die bei diesen Kaliberstichen von Neuhauß gefundenen Ergebnisse haben eine gewisse Ähnlichkeit mit den beim Walzen auf glatten Bahnen gewonnenen. Die Randschicht der in diesen Kalibern gewalzten Proben nimmt an den gedrückten Flächen zu. Die Randschicht der frei breitenden Seiten ist nach dem Stich Quadrat-Oval dicker als im Ausgangszustand. Während der Verformung von Quadraten zu Trapez-Kalibern bleibt die Dicke der seitlichen Randschicht in etwa erhalten. Wird bei den gleichen Kalibern die Walzenanstellung verkleinert, d. h. die Walzen zusammengefahren, ist damit eine Erhöhung der Gesamtstichabnahme verbunden. Die Differenz von Ausgangs- zu Enddicke des aufgekohlten Randes bleibt im gedrückten Rand beim Quadrat-Oval-Stich nahezu gleich, wenn die Gesamtformänderung vergrößert wird. Bei dem Stich Quadrat-Trapez wird die seitliche Schichtdicke größer, wenn die Walzenanstellung verringert wird.

Für die Beurteilung der Kaliberreihen sind die Rückstiche zum Quadrat von gleicher Bedeutung wie die Vorstiche. Dabei ergibt sich bei den Stichen Oval-Quadrat ein schmaler Bereich starker Randschichtverdickung auf den halben Quadratseiten. Demgegenüber sind die Schichtdicken über den Umfang der Quadrate, die aus Trapez- und Rautenkalibern gewalzt werden, verringert und haben eine verhältnismäßig gleichmäßige Dicke. Aus der Sicht dieser Versuchsreihe leitet Neuhauß folgende Wertung der Kaliberreihen ab. In der Raute-Raute-Reihe läßt sich eine gleichmäßige Verminderung der Randschicht erreichen, jedoch sind die erzielbaren Stichformänderungen gering. Mit dem Vorteil großer Stichabnahmen entspricht die Quadrat-Trapez-Reihe den gestellten Anforderungen einer gleichmäßigen Randschichtveränderung. Im Verhältnis dazu sind bei der Quadrat-Oval-Reihe die Verformungen der Randschicht über den Umfang gesehen ungleichmäßig verteilt. Daher bezeichnet Neuhauß diese Stichfolge als ungeeignet. In Bezug auf das Formänderungsvermögen ergibt sich eine andere Reihenfolge der zweckmäßigerweise zu wählenden Kaliberreihen. Versuchstechnisch ist dazu die Randschicht der Proben mit innerer Oxydation versehen worden, deren Formänderungsvermögen niedrig ist. Die Tiefe und Anzahl der durch den Walzvorgang entstandenen

Risse wurde als Beurteilungsmaßstab für das Formänderungsvermögen der Kaliberreihen benutzt. In Übereinstimmung mit der zuerst genannten Versuchsserie ist das Formänderungsvermögen im Bereich der gedrückten Flächen größer als an den frei breitenden Flächen. Während das Formänderungsvermögen des Versuchsmaterials beim Walzen in Spießkantkalibern bereits nach relativ geringen Querschnittsabnahmen erschöpft ist, werden für die Quadrat-Oval-Stichfolge und beim Flachbahnwalzen wesentlich größere Streckgrade erzielt ohne Schädigung des Werkstoffes. Erklärt wird diese Beobachtung durch einen aufgrund der Kalibergestalt reibungsbedingten größeren mittleren Druck. Es ergibt sich demnach eine Reihenfolge der Güte zu Quadrat-Oval, Flachbahn, Raute-Raute bzw. Quadrat-Raute.

In einer Gemeinschaftsarbeit der Montanunion berichtet Leder (66) über die Güte von warmgewalztem Stabstahl, der auf verschiedenen Straßen verschiedener Bauarten und unterschiedlicher Kalibrierungen gewalzt wurde, wobei sowohl ältere als auch moderne Straßenkonzeptionen in die Untersuchung einbezogen sind. Neben den verwendeten Kalibrierungen kann das Ergebnis der Untersuchung durch den Walzablauf auf den verschiedenen Anlagen beeinflußt werden. Aufgrund der ermittelten Zahlenwerte besteht ein Zusammenhang zwischen Kalibrierung und Güte des Endproduktes. Der prozentual geringste Anteil an mittleren und starken Rissen (6, 6 %) wird an einer Straße mit offener Vorstaffel gefunden, die in der Vorstraße Trapezkaliber und im weiteren Ablauf Oval-Quadrat-Raute-Quadrat-Voroval-Rund eingeschnitten hat. Das auf einer kontinuierlichen Anlage mit einer Zick-Zack-Fertigstraße gewalzte Enderzeugnis ist mit 18, 4 % Fehlern behaftet. Diese Anlage ist in der Stichfolge Quadrat-Oval kalibriert. Mit Abstand folgen die Ergebnisse (65, 3 %-Risse) einer in Quadrat-Raute kalibrierten Konti-Straße. Darüber hinaus sind die meisten Anteile von rißbehafteten Stäben bei einer Straße gefunden worden, deren Kalibrierung Kasten-Kasten- und Flach-Stauchoval-Kalibern ausgelegt ist (99, 3 %). Aus diesem Ergebnis ist zu schließen, daß die Quadrat-Oval-Reihe beim Walzen von weichem Massenstahl der Quadrat-Raute-Reihe überlegen ist.

Köhler und Gorges (67) beobachten, daß beim Walzen der Qualität Muk 15 auftretende Risse von Gasblasen stammen, die erst während des Walzvorganges in 1. Hitze aufplatzen. Durch Veränderung der Kalibrierung wurde versucht, die Rißbildung zu vermindern. Es wird gezeigt, daß beim Auswalzen auf einer Quadrat-Raute-Kalibrierung an den Kanten Risse auftreten, wobei es sich um aufgeplatzte Gasblasen handelt. An Hand von Schliffbildern wird nachgewiesen, daß durch diesen Walzvorgang die Seigerungszonen in die Knüppelecken gezogen werden. Demgegenüber wird beim Walzen im Ovalstich die Kernseigerung des Walzgutes "abgerundet", d. h. die Seigerung wird nicht, wie beim Walzen in Rautekalibern beobachtet, zum seitlichen Rand verlagert. Es ist nicht festgestellt worden, daß durch die Formgebung bei Verwendung von Ovalkalibern neue Fehler in das Material eingebracht worden sind, obwohl die durchschnittliche Flächenabnahme dieser Kaliberreihe größer ist als in der Reihe Raute-Quadrat.

Zur Erklärung dieser Feststellungen wird darauf hingewiesen, daß die größte Verformung beim Walzen in der Quadrat-Raute-Reihe stets über die zwei Diagonalen stattfindet, wobei die senkrechte Symmetrielinie die größte Höhenverminderung erfährt und die horizontale Symmetrielinie in die Breite abfließt. An der Materialoberfläche liegende Gasblasen werden nur geringfügig oder gar nicht geschlossen.

Die Wirkung von Ovalstichen, Hohlräume unter der Oberfläche des Walzgutes schließen zu können, ist insbesondere dann zu erwarten, wenn Querschnittsabnahmen zwischen ε_F = 25 + 55 % verwirklicht werden. In einem Abmessungsbereich von 20 + 25 mm der Zwischenquadrate sind nach Schneider (68) Ovalkaliber, die einen Streckgrad von 2,1 am Walzgut erzielen, günstig; Ovalkaliber bei der Herstellung kleinerer Querschnitte zu verwenden, wird wegen der großen Wärmeabfuhr nicht anempfohlen.

Der Quadrat-Raute-Kalibrierung gibt Schneider (69) gegenüber der Quadrat-Oval-Kalibrierung den Vorzug, wenn beruhigtes Material gewalzt wird. Dieser Werkstoff neigt nicht zur Ausbildung von Randblasen, die in der Quadrat-Oval-Kalibrierung beseitigt werden können. Bei diesem Material besteht jedoch nach Schneider (70) die Gefahr, daß sich Fältelungen bevorzugt in den Ovalkalibern bilden können und Schlackeneinschlüsse eingewalzt werden. Allerdings kann der Ausschuß beim Walzen weicher Güten verbessert werden, wenn nach einer Quadrat-Rauten-Reihe eine Quadrat-Oval-Reihe, die hohe Streckgrade zuläßt, einkalibriert wird.

Aufgrund betrieblicher Beobachtungen stellt Moreschini (71) fest, daß beim Walzen in Quadrat-Oval-Quadrat-Kalibrierungen am Endwalzprodukt im Vergleich zu anderen Kaliberreihen die meisten Oberflächenfehler auftreten. Es wird allerdings eingeschränkt, daß leichte Dopplungsfehler, die von den ersten Stichen herrühren, an Rundstahl mit kleinen Enddurchmessern nicht mehr auffindbar sind, während sie bei größeren Rundabmessungen deutlich sichtbar sind. Es ist Moreschini nicht möglich, den kritischen Punkt anzugeben, an dem die Fehler verschwinden, da auch Temperatureinflüsse das Ergebnis verschieben können. Aus der Sicht der Anwendungstechnik setzt Dietl (72) sich kritisch mit einzelnen Kaliberreihen im Hinblick auf die Güte des Enderzeugnisses auseinander. Von Einfluß sind außer der Kalibrierungsart, die Straßenkonzeption, die Armaturen, die Walzenwerkstoffe, das Walzgut, die Walztemperatur und die Walzgeschwindigkeit. Gegenübergestellt werden die Kalibrierungsmöglichkeiten: 1. Flach-Stauch-Reihe, 2. Quadrat-Spießkant-Reihe und 3. die Reihe Quadrat-Oval.

1. Die Flach-Stauch-Kalibrierung:

   Vorteile: geringer und gleichmäßig über den Kaliberumfang verteilter Verschleiß;
   die Gefahr einer Kaliberüberfüllung ist gering, da die Füllung durch Veränderung der Walzenanstellung reguliert werden kann;
   Walzgut läßt sich gut drallen sowie
   verhältnismäßig genau führen, ohne besondere Anforderungen an die Armaturen;
   die von den Kalibern beanspruchte Ballenbreite ist gering, und da keine scharfen Kanten am Querschnitt vorhanden sind, ist die Temperaturverteilung im Walzgut relativ gleichmäßig.

   Nachteile: die Querschnittsabnahmen sind gering, und die seitlichen Walzgutteile erfahren eine große freie Breitung; dadurch ist die

Gefahr gegeben, daß Fältelungen entstehen bzw. Hohlräume im Walzgut aufplatzen.

2. Die Quadrat-Spießkant-Kalibrierung:

   Vorteile: geringer und über den Kaliberumfang gleichmäßiger Verschleiß;
   die Querschnittsabnahmen sind größer als bei der Flach-Stauch-Reihe;
   Spießkante lassen sich gut drallen
   und erbringen eine gute Oberflächenbeschaffenheit.

   Nachteile: der flach im Ofen liegende Knüppel muß zum Einstich im ersten Kaliber in die Diagonale gedreht werden; die Kanten der Spießkante kühlen schnell ab, daher ist der Formänderungswiderstand an diesen Stellen größer; die Kaliber neigen zu Überfüllung.

Verwendet man dagegen schwach gefüllte Spießkante, so geht ein Teil der Vorteile dieser Stichfolge verloren.

3. Die Quadrat-Oval-Kalibrierung:

   Vorteile: bezogen auf die genannten Stichfolgen sind größte Stichabnahmen möglich, so daß ein wirtschaftliches Walzen möglich ist.

   Nachteile: hoher und ungleichmäßig verteilter Verschleiß über den Umfang des Kalibers; dadurch bedingte Kaliberrauhigkeiten übertragen sich auf das Walzgut, wodurch im folgenden Stich Fältelungen entstehen können,
   gedrungene Ovale lassen sich schlecht drallen; bei schlanken Ovalen, die zur Vermeidung von Überfüllung unterfüllt werden, breiten die Seitenflächen frei. Das kann an Schwachstellen des Walzgutes zu Aufplatzungen führen.
   Ovalkaliber haben im ersten Stich nur eine geringe zunderbrechende Wirkung.

Der Vorteil, den die erzielbaren hohen Stichabnahmen bieten, führt in neuerer Zeit dazu, die Quadrat-Ovalkalibrierung in Vor-, Zwischen- und Fertigstaffeln wieder anzuwenden. Diese Kaliberreihen werden gegenüber der altgewohnten Art abgewandelt, um deren Nachteile auszuschalten.

Dietl (72) berichtet über eine Quadrat-Oval-Kalibrierung einer Vorstraße, deren erstes Gerüst ein abgewandeltes Flachkaliber als Zunderstich und im 3. Gerüst ein Stauchoval enthält, mit dem der Füllungsgrad reguliert werden kann. Die Ausführung dieser beiden Stiche bewirkt, daß der Verschleiß der jeweils nachfolgenden normalen Ovalkaliber gering ist. Die weiteren Kaliber sind normal in der Quadrat-Oval-Reihe ausgeführt. Durch Abwandlung dieser zwei Kaliber kann in der so ausgelegten Stichfolge ein zufriedenstellendes Endprodukt hergestellt werden. Eine weitere Verbesserung der Kaliberauslegung Quadrat-Oval sieht Babilon (73) aufgrund von Versuchen an einer Morgan-Drahtstraße darin, daß sämtliche Quadratkaliber einer Quadrat-Oval-Reihe durch Stauchovale (Falschrund) ersetzt werden.

Der Überblick über das Schrifttum zeigt, daß die Kaliberreihen z. B. Quadrat-Oval-Quadrat; und Quadrat-Raute-Quadrat aus betrieblicher Sicht unterschiedlich beurteilt werden (64 + 73). Die Ursache ist darin zu suchen, daß die Forderungen, die an eine gute Formenreihe gestellt werden, recht mannigfaltig sind und keine Stichfolge alle Anforderungen zu erfüllen vermag.

Eine gute Kaliberreihe, um die wesentlichen Gesichtspunkte zu nennen, muß imstande sein:

1. eine möglichst große Streckung des Walzgutes zu erzielen,
2. wobei das Endprodukt fehlerfrei und
3. von einer guten Oberflächenbeschaffenheit sein soll. Des weiteren muß
4. sich die Walzader stets gut führen und
5. umführen lassen.
6. Die Kaliber müssen eine hohe Standzeit haben und
7. wenig Raum auf dem Walzballen erfordern.

Je nach vorhandener Betriebsanlage, den gestellten Ansprüchen an das Endprodukt sowie die Walzgutqualität, wird der Betriebsingenieur der einen oder anderen Anforderung an die Kalibrierung größere Bedeutung beimessen (72). Aus dem Schrifttum ergeben sich dabei folgende Aussagen:

1. Die Quadrat-Raute-Reihe erzielt eine gute Oberflächenbeschaffenheit und geringste Fehleranteile am Enderzeugnis (68-72).

2. Die Quadrat-Oval-Reihe ist imstande, Hohlräume unter der Oberfläche des Walzgutes zu schließen (67; 69). Leder (66) zeigt bei einem Vergleich von vier Anlagen mit unterschiedlicher Kaliberauslegung, daß die Quadrat-Oval-Reihe geringere Rißanteile am Erzeugnis verursacht hat als die Reihe Quadrat-Raute.

Zur Erklärung der Ergebnisse dieser Betriebsuntersuchungen werden verschiedentlich nach Tafel (14) errechnete sogenannte Teillängungsschaubilder herangezogen. Unter der erheblichen Einschränkung, daß keine Breitung auftritt, ermittelt Tafel örtliche Längsformänderungen im Walzgutquerschnitt; die so gewonnenen Ergebnisse sind wegen der dem Walzablauf nicht entsprechenden Voraussetzungen mit Vorbehalt zu betrachten. Diese Erklärungsversuche zeigen jedoch, welche Bedeutung einer Kenntnis der örtlichen Teilformänderungen beigemessen wird.

Die Ermittlung von örtlichen Teilformänderungen und des damit zusammenhängenden Stoffflusses, wodurch der Verformungsvorgang gekennzeichnet und beschrieben werden kann, bereitet versuchstechnisch große Schwierigkeiten.

Grundlegende Erkenntnisse über den Ablauf des Verformungsvorganges sind beim Stauchen von Zylindern gewonnen worden.

Hierbei ergibt sich:

1. die Formänderungen im Materialquerschnitt des Umformgutes sind örtlich unterschiedlich groß, damit verbunden verläuft der Stofffluß mehrdimensional (1; 2; 4; 10; 13),
2. die größten örtlichen Formänderungen treten im Kern auf (9),
3. im Querschnitt treten umformbehinderte Zonen auf; an den Preßflächen Haft- und Gleitzonen (4; 5; 8; 9),
4. die Gleitung nimmt vom Rand zur Mitte ab (10).

Diese Erscheinungen haben ihre Ursache in den Reibungsverhältnissen, die zwischen Werkzeug und Umformgut herrschen (1; 2; 4 bis 9) und sind abhängig von der Umformgeometrie (10).

Zur Klärung der unterschiedlichen Bewegung der Materialteilchen sind Stofffluß-Hypothesen aufgestellt worden. Dabei wird angenommen, daß das Material von sogenannten Fließscheiden aus den Weg des geringsten Widerstandes zum Umfang nimmt (11; 12). Für das Stauchen von Rechtkant-Proben weist Lange (10) nach, daß die Materialteilchen nicht entlang von Geraden (11; 12), sondern auf Kurven abfließen.

Die Vorstellung von Fließscheiden auf den Walzvorgang beim Walzen auf der Flachbahn übertragen, führt dazu, daß in Walzrichtung teils eine Voreilung und teils ein Rückstau im Walzgut auftritt (6; 7). Die Fließscheide ist eine gedachte Ebene, in der das Walzgut die gleiche Geschwindigkeit wie die Walzen hat. Neuere Untersuchungen von Kettner (18) zeigen, daß eine derart idealisierte Fließscheide nicht existiert. Der Ausgleich zwischen Voreilung und Rückstau findet innerhalb eines Bereiches im Walzgut statt, der räumlich gekrümmt ist. Im Ausgangszustand senkrechte Fasern werden durch den Walzvorgang von der Oberfläche zum Kern entgegen der Walzrichtung durchgebogen. Die Lage dieses Bereiches innerhalb der Umformzone wird beeinflußt von der Proben-, d. h. der Umformgeometrie. Bedingt durch die zylindrische Ausbildung der Walzen und die rechteckige Form des Walzgutes liegen relativ einfache Umformverhältnisse vor.

Die Formänderungsverteilung beim Walzen in sogenannten Streckkalibern ist aufgrund der im Schrifttum angeführten Versuche überschläglich bekannt.

Nahe der Oberfläche zeigt sich folgende Verteilung (64):

1. allgemein; a) die Probenbereiche, die die Walzen berühren, werden in Höhenrichtung gestaucht (die Randschicht wird dünner) b) die frei breitenden Umfangsteile breiten (die Schichtdicke nimmt zu)
2. Flachstiche, Stich Raute-Raute, Raute-Quadrat und Trapez-Quadrat; die Randschicht des gesamten Umfanges wird durch den Walzvorgang gleichmäßig vermindert
3. Stich Quadrat-Oval; a) an den gedrückten Flächen wird die Randschicht dicker, b) wie 1 b
4. Stich Quadrat-Trapez; a) wie 1 a, b) die frei breitenden Umfangsteile haben nach der Verformung nahezu die gleiche Randschichtdicke wie vorher
5. Oval-Quadrat; auf den halben Quadratseiten tritt örtlich eine große Zunahme der Randschichtdicke auf.

Um eine Bewertung der Stichfolgen vornehmen zu können, wird die Anzahl der Risse nach dem Walzen festgestellt. Die Rißhäufigkeit nimmt zu, wenn Versuchsstäbe unabhängig voneinander entweder in der Stichfolge Quadrat-Oval, Flach-Flach, Raute-Raute oder Quadrat-Raute verformt werden.

Die örtliche Verteilung der Formänderungen im Innern des Walzgutes ist von der Kaliberform abhängig (55; 62).

1. In der Stichfolge Quadrat-Raute-Quadrat gewalzte Stäbe zeigen eine Zunahme der Größe der örtlichen Formänderungen von der seitlichen Oberfläche zur Mitte;
2. die Formänderung im Innern von Quadratstäben, die in Ovalkalibern verformt sind, werden vom Rand zur Mitte kleiner.

Die angeführten Versuchsergebnisse vermitteln einen Überblick über die örtliche Formänderungsverteilung. Die angewandte Versuchsmethode mittels Schrauben und Bolzen zur Bestimmung der örtlichen Formänderungen im Innern ergibt nur einen groben Überblick, weil die Meßelemente nicht beliebig eng aneinander angeordnet werden können, da sonst der Grundkörper geschwächt wird.

Die für die verschiedenartigen Kaliberformen gewonnenen Erkenntnisse können des weiteren nicht miteinander verglichen werden, weil diese Versuche mit unterschiedlichen Umformbedingungen durchgeführt worden sind.

Wie bereits erwähnt, haben Betriebsversuche zu keiner einheitlichen Bewertung der Kaliberreihen geführt, weil die betrieblichen Einflußgrößen unterschiedlich sind und unterschiedliche Bewertungsmaßstäbe angewendet werden (66 + 73). Es erscheint deshalb sinnvoll, die Kaliberformen nach verformungskundlichen Gesichtspunkten zu beurteilen, und zwar danach, welche örtliche Formänderungsverteilung im Walzgut erzeugt wird.

Um über derartige Vergleiche zu einer Wertung kommen zu können, müssen außer der Kalibergeometrie alle Versuchsparameter, wie z. B. Walzendurchmesser, Kaliberquerschnitt, Temperatur und Walzgeschwindigkeit, jeweils konstant gehalten werden.

Betrieblich werden die einzelnen Streckkaliberformen mit unterschiedlichem Achsenverhältnis angewendet. Über den Einfluß des Achsenverhältnisses auf die örtliche Formänderungsverteilung ist im Schrifttum kein Hinweis zu finden.

Die vorliegende Arbeit soll aus den genannten Gründen die Erkenntnisse auf diesem Gebiet erweitern, mit dem Ziel, den Einfluß von Kaliberform und deren Achsenverhältnisse, die im betrieblich üblichen Bereich verwendet werden, auf die Formänderungsverteilung im Walzgut zu ermitteln. Die Umformgeometrie der einzelnen Kaliber muß dafür so aufeinander abgestimmt werden, daß ein Vergleich der Kaliber untereinander möglich ist.

2.2 Im Schrifttum beschriebene Methoden zur Beobachtung des Stoffflusses

Um örtliche Formänderungen bzw. den Stofffluß ermitteln zu können, müssen an der Oberfläche bzw. im Innern des Umformgutes Fixierungspunkte vorhanden sein, deren Lageveränderung, bedingt durch den Verformungsvorgang, gemessen werden kann.

Die im Schrifttum enthaltenen Meßmethoden werden zusammengestellt und kritisch gewertet mit dem Ziel, eine für die vorliegende Arbeit günstige Meßmethode anwenden zu können.

Es ist verhältnismäßig einfach, Rasternetze an Oberflächen anzubringen. Diese Raster können aus Punkt- oder Liniennetzen bestehen. Punktraster werden z. B. mit einem Härteprüfgerät aufgebracht (18; 19); Linienraster werden geritzt, eingestoßen oder gefräst (58; 59). Die Markierungen müssen eine bestimmte Tiefe haben, wenn die Proben warm verformt werden, da die Eindrücke andernfalls durch Abzundern unkenntlich werden.

Den Stoffflußverlauf im Innern des Walzgutes zu verfolgen bereitet Schwierigkeiten, weil Markierungen im Innern nicht ohne Zerteilung des Vollkörpers angebracht werden können. Rückschlüsse auf die Stoffverschiebungen in den inneren Querschnitten des Walzgutes zog Metz (17; 55; 56) aus der Linienverkrümmung von Rastern, die an den Stirnflächen von Walzstäben angebracht sind. Da an den Stirnflächen - durch das Fehlen von Längskräften bedingt - ein anderer Spannungszustand (und damit Formänderungszustand) herrscht als an jedem anderen Querschnitt der Walzgutlänge, muß dieses Vorgehen mit Vorbehalt beurteilt werden.

Dieser Nachteil wird umgangen, indem in Versuchsstäbe Bolzen, Stifte oder Schrauben - über den Querschnitt verteilt - eingelassen werden (17; 33; 56; 58; 59). Einlagen lassen sich nicht beliebig eng aneinandersetzen, ohne den Querschnitt der Probe zu schwächen. Das bedeutet, daß eine Messung nur über größere Abstände erfolgen kann. Die Verwendung von Schrauben als Markierungen hat gegenüber jener von Stiften und Bolzen den Vorteil, daß neben der Dickenänderung die Änderung der Gewindesteigung der Schrauben in ihrer Längsachse als Maß für die Verformung herangezogen werden kann.

Der Aussagewert, den Ergebnisse der Stoffflußmessung haben, richtet sich danach, ob die für die Messung präparierten Proben sich wie Vollproben verhalten. Bekannt ist die Erscheinung der sogenannten Knopflochbildung; d. h., durch die Verformung bedingt lösen sich teilweise Probenwerkstoff und Meßeinsatz. Die Trennung erfolgt, wenn Zugspannungen in Richtung der Flächen-Normalen der Trennflächen wirksam sind. Mit Schrauben präparierte Proben zeigen diese Erscheinung seltener als solche, in die Stifte eingelassen sind, weil aufgrund der größeren Flächenberührung der Schrauben mit dem Grundwerkstoff die örtliche Reibung an der Trennfläche größer ist.

Die Meßverfahren mittels Einlagen von Stiften, Bolzen und Schrauben erlauben es, den Stoffflußverlauf qualitativ zu zeigen; eine exakte Messung ist jedoch nicht möglich, da ein so präparierter Körper sich während der Umformung nicht unbedingt wie ein homogener Vollkörper verhält.

Schwefel- und phosphorhaltige Stähle neigen zu Ausscheidung in Form von Seigerungen. Diese Seigerungen können durch Anätzen sichtbar gemacht werden (Baumann-Abdruck) (74).

In Walzrichtung sind Seigerungen zeilenförmig ausgebildet. Diese Seigerungen können zur Beobachtung des Stoffflusses benutzt werden (18; 75; 76; 77), ohne daß der Materialzusammenhang in den Proben gestört wird. Geseigertes Material kann in Versuchsstäbe so eingeschweißt werden, daß die geraden Seigerungslinien senkrecht zur Walzrichtung der Proben angeordnet sind; eine Versuchsmethode, die erstmals von Kettner (18) angewendet wurde. Aus der Krümmung dieser Linien kann der Fluß des Materials an Vollstäben bestimmt werden. Die Größe des Materialflusses läßt sich jedoch nicht feststellen, da sich die Abstände der einzelnen Seigerungslinien vor dem Walzen nicht ermitteln lassen, ohne den Vollkörper vor der Umformung zu zerteilen, wodurch die Vorteile dieser Verfahrensweise hinfällig würden. Eine weitere Einschränkung besteht darin, daß gewalzte Proben nur dann ausgewertet werden können, wenn die Verbiegung der Seigerungslinien in einer Ebene erfolgt ist, z. B. in der in Walzrichtung senkrechten Symmetrieebene einer Probe. Im Falle einer dreidimensionalen Linienverbiegung sind nicht die Seigerungslinien selbst, sondern ihre Durchstoßpunkte durch die Schnittebene im metallographischen Schliff zu erkennen; in diesem Fall kann der Materialfluß nicht verfolgt werden.

Der Stofffluß im Innern unzerteilter Vollproben kann ebenfalls mit Hilfe von Isotopen ermittelt werden (78). Phosphor- und Schwefelisotope werden der Schmelze während des Gießens mit fortschreitender Blockerstarrung in höherer Konzentration gestaffelt beigegeben. Der Probenquerschnitt ist dann vom Rand zur Mitte durch eine bestimmte Größe der Emissionsdichte örtlich gekennzeichnet.

Der Erfolg dieses Vorgehens ist von dem Erstarrungs- und Seigerungsverlauf während des Gießprozesses abhängig und erbringt keine wesentlich genaueren Versuchsergebnisse, als wenn die normalerweise in unberuhigtem Stahl vorhandenen Seigerungszeilen zur Auswertung herangezogen werden. Das Präparieren und Auswerten von Proben, die mit Isotopen geimpft sind, ist aufwendig. Einfacher ist es, Bleche unter 90 $^{\circ}$C in der Kokille anzuordnen und in den Block einzugießen (79); die Bleche verschweißen im Block. Nach der Verformung kann ihre Verschiebung im Schliff festgestellt werden. Eine Kontrolle, ob sich die Anordnung der Bleche durch die Spülwirkung der Schmelze oder Verzug der Bleche durch Temperatureinwirkung während des Gießvorganges verändert hat, ist nicht möglich. Dieses Verfahren ist deshalb zur Demonstration, nicht aber zur exakten Bestimmung des Stoffflusses geeignet.

Einen idealen Probekörper, der sowohl die Forderung erfüllt, ein Vollkörper zu sein, gleichzeitig aber meßtechnisch in kleinen örtlichen Bereichen den Stofffluß zu erfassen gestattet, gibt es zur Messung des Stoffflusses bislang nicht. Die beschriebene Präparierung von Proben mit Hilfe von Seigerungen, Isotopen und eingegossenen Blechen ist vorgenommen worden unter der Grundvorstellung, daß die Probe ein Vollkörper sein muß. Daneben gibt es Untersuchungsmethoden, die von einer optimalen meßtechnischen Auswertemöglichkeit ausgehen, welche darin besteht, daß ein Probenquerschnitt in definierte Rasteranordnungen aufgeteilt wird, deren Abstandsänderungen nach dem Walzen ausgemessen werden können. Nachzuweisen bleibt in diesem Falle, ob eine nach diesem Gesichtspunkt aufgebaute Probe sich wie ein Vollkörper verhält. Die Versuchskörper können so aufgebaut sein, daß der Probekörper in einer zur Walzrichtung parallelen Hauptsymmetrieebene geteilt und die Trennfläche gerastert wurde. Hierfür ergeben sich zwei Möglichkeiten:

1. Die Teilungsfläche der einzelnen Schichten befindet sich senkrecht zur Richtung der Hauptdruckspannung (80).
2. Die Teilung der Probe verläuft parallel zur Richtung der größten Druckspannung (80).

Die Probenteile sind, nachdem ein Raster aufgebracht ist, äußerlich verschweißt. Derartig geteilte Proben verhalten sich nur dann wie ein Vollkörper, wenn in Richtung der Flächennormalen zur Teilungsfläche Druckspannungen auftreten. Wenn Zugspannungen in dieser Richtung vorhanden sind, klafft die Trennfuge auseinander; der "Materialzusammenhang" ist nicht erhalten geblieben.

Diese Versuchsmethodik ist zumeist beim Kalt-Walzen von Kupfer und Aluminium auf der Flachbahn angewendet worden (19).

Sofern eine Schichtprobe parallel zur größten Druckspannung in der mittleren Symmetrieebene geteilt ist, kann man nach der Theorie der Fließwiderstände annehmen, daß auf die Teilungsebene Druckspannungen wirken.

Wird eine Probe aus Blechen oder Flachmaterial mit der zuletzt genannten räumlichen Lage der Trennfläche zusammengesetzt, so besteht die Gefahr, daß sich die in Breitenrichtung randnahen Schichten voneinander lösen, weil der Fließwiderstand in Breitenrichtung an der Berührungsfläche Walze - Walzgut von der mittleren senkrechten Symmetrieebene zu den seitlichen Querschnittsteilen hin abnimmt und andererseits die Erscheinung der Ausbauchung bzw. Umwölbung in den seitlichen, frei breitenden Flächen, deren Ursache in Querzugspannungen zu sehen ist, verstärkt auftritt.

Bei paketierten Proben ist aus diesem Grunde eine Schichtung senkrecht zur Richtung der größten Druckspannung in Walzrichtung vorzuziehen (81; 82). In den seitlichen Randgebieten kann auch bei dieser Art des Probenaufbaues eine "Fächerbildung" auftreten, sofern beim Walzen die senkrechte Druckspannung gegenüber einer Spannung in Breitenrichtung nicht genügend groß ist (80). Mican hat diesen Probenaufbau beim Warm-Walzen in Kalibern benutzt (80), um prinzipiell den Stofffluß im gewalzten Querschnitt zu zeigen. Die Möglichkeiten, den Stofffluß an Hand einer Rasterung der einzelnen Lamellen zu verfolgen, werden allerdings nicht ausgeschöpft; vermutlich deshalb, weil die einzelnen Lamellen durch die Verformung unter Einwirkung von Temperatur miteinander verschweißt worden sind. Auf diese Weise kann andererseits relativ einfach ein Körper hergestellt werden, der es gestattet, eine Reihe von Aussagen über den Verlauf des Stoffflusses zu machen.

Um die Krümmung von Querschnitten beim Walzen in Walzrichtung zu zeigen, sind senkrechte Lamellen quer zur Walzrichtung angeordnet und zu entsprechenden Walzproben geschichtet worden. Damit bei dieser Aufteilung der Zusammenhang des Materials gewahrt wird, sind diese paketierten Plättchen mit einem Rohr ummantelt worden. Das Rohr wurde an beiden Enden mit Stopfen unter Druckvorspannung verschlossen und verschweißt (83). Nach dem Walzen wurden keine Trennfugen zwischen den einzelnen Plättchen beobachtet.

Neben den an Metallen durchgeführten Versuchen sind vielfach Modellversuche zum Beispiel mittels verschiedenfarbigen Plastilins und mittels Kunststoffe durchgeführt worden (83). Teils hatten diese Versuchsdurchführungen das Ziel, den Verlauf des Stoffflusses zu demonstrieren (83; 84), teils sind die Versuchsstäbe aus Modellwerkstoffen ausgemessen und die Stoffverschiebungen zahlenmäßig erfaßt worden (62; 63). Es wird gezeigt, daß Plastilin als Modellwerkstoff für Stahl beim Gesenkschmieden verwendet werden kann (85). Plastilin als Modellwerkstoff ist insofern vorteilhaft, weil die Probenvorbereitung und auch die Auswertung mit einem relativ geringen Versuchsaufwand verbunden ist. Farbige Plastilinschichten definierter Dicke lassen sich einfach herstellen und die einzelnen Schichten leicht durch Andrücken miteinander verbinden. Die gewalzten Proben können mit heißen Drähten zerteilt werden. Ob der Reibungskoeffizient zwischen Walze und Plastilin jenem zwischen Werkzeug und Stahl unter Warm-Walzbedingungen entspricht, ist nicht geklärt. Weiterhin bestehen Bedenken, ob die eingefärbten Plastilinschichten sich ebenso verformen wie die nicht eingefärbten. Mit einem bei Raumtemperatur verformten Modellwerkstoff kann der Einfluß der Temperaturverteilung und die örtlichen Formänderungen des Walzgutes beim Warm-Walzen - bedingt durch den Temperaturunterschied zwischen Walze und Walzgut - nicht erfaßt werden.

Die Schwierigkeiten, in einer Versuchsanordnung den tatsächlichen Verformungsverhältnissen beim Warm-Walzen nahezukommen, um den Stofffluß zu ermitteln, sind in vielfältiger Weise angefaßt worden, wobei zumeist ein eng begrenztes Ziel der Auswertung im Vordergrund stand. Um weittragendere Erkenntnisse zum Thema des Stoffflußverlaufs gewinnen zu können, muß auf den bereits vorliegenden Arbeiten aufgebaut werden, in der Weise, daß die Nachteile der bereits gemachten Versuchsmethoden umgangen und praxisnahe Möglichkeiten weiterverfolgt werden.

Vom meßtechnischen Gesichtspunkt erscheint es zweckmäßig, horizontal geschichtete Proben zu verwenden, weil die Möglichkeit besteht, die einzelnen Schichten mit Rasternetzen versehen zu können. Es muß jedoch eine Möglichkeit gefunden werden, durch die ein Verschweißen der einzelnen Schichten während der Verformung bei Warmformgebungstemperaturen verhindert wird. Des weiteren muß der Nachweis erbracht werden, daß die Schichten bei der Verformung sich nicht gegeneinander verschieben.

3. Eigene Untersuchungen

3.1 Versuchseinrichtung

Für die vorliegende Untersuchung stand das Walzwerk II des Institutes für Bildsame Formgebung der Rheinisch-Westfälischen Technischen Hochschule Aachen (Bauart Sack), Abb. 1, zur Verfügung (86; 87). Das Walzwerk wird von einem Gleichstrom-Motor mit 110 kW Nennleistung angetrieben, der von einem Leonardsatz gespeist wird. Zwischen Antrieb und Walzwerk befindet sich ein dreistufiges Getriebe mit Geschwindigkeitsstufen 1 : 1; 3,75 : 1 und 15 : 1. In der Untersetzungsstufe 15 : 1 kann die Walzendrehzahl stufenlos zwischen 0 und 80 min^{-1} elektrisch eingestellt werden. Die Walzendrehzahl läßt sich an Hand der mittels Tachogenerator gemessenen Motordrehzahl überprüfen.

Die Konstruktion des Walzwerkes erlaubt einen wahlweisen Betrieb mit Duo-, Trio- und Quarto-Walzenanordnung. Die maximale Ballenlänge der Walzen beträgt 300 mm. Duo-Walzen mit einem Walzendurchmesser zwischen 280 und 355 mm können eingebaut werden. Der kleinste Durchmesser richtet sich nach dem Höhenmaß der zugehörigen Einbaustücke, während der größte durch die Breite der Ständerfenster begrenzt wird. Über Druckmuttern und -spindeln läßt sich die Oberwalze elektrisch anstellen.

Die beim Walzen auftretenden Druckkräfte können mittels zweier Druckmeßdosen, die sich in Kalotten gelagert zwischen oberen Einbaustücken und Anstellspindeln befinden, gemessen werden. Zur Ermittlung des Drehmomentes sind beide Kuppelspindeln als Torsionsmeßspindeln ausgebildet. Die Vorrichtungen zur Messung von Walzkraft und Drehmoment sind nach dem Prinzip von Dehnmeßstreifen aufgebaut. Die Signale der Meßglieder werden einzeln von Trägerfrequenzmeßbrücken moduliert, verstärkt und von einem elektrischen Mehrfach-Schreiber registriert. Abgestimmt auf die Belastbarkeit des Walzwerkes sind die Druckmeßdosen für eine maximale Druckkraft von je 60 t und die Torsionsspindeln für ein maximales Drehmoment von 1500 mkg je Spindel ausgelegt.

Zur Erwärmung der Proben ist ein elektrisch beheizter Kammerofen vorhanden, in dem Walzknüppel auf 1150 $^{\circ}C$ erwärmt werden können. Um eine Verzunderung der Versuchsmaterialien herabzumindern, kann in diesen Ofen Schutzgas eingeleitet werden. Das durch Verbrennung von Stadtgas erzeugte Schutzgas hat folgende Durchschnittszusammensetzung: 6 % CO; 5 % CO_2; 16 % H_2, bei einem Verbrennungsverhältnis Gas/Luft von 5 : 12. Die Gasanteile können mit einem Gasanalysen-Schreiber (Triplex-Mono, H. Maihak AG Hamburg) registriert werden.

3.2 Auslegung der Kalibrierungen

Von den möglichen Kaliberformen, die als Streckkaliber beim Walzen einfacher Vollquerschnitte angewendet werden, sind für die vorliegende Untersuchung zunächst Rauten- und Oval-Kaliber ausgewählt worden. Diese beiden Kaliberformen zeichnen sich durch eine besonders gute Streckwirkung bei einfacher geometrischer Form aus. Sie sind deshalb bevorzugt in Mittel-, Feineisen- und Drahtstraßen anzutreffen, also in Walzstraßen, die einen großen Ausgangsquerschnitt rasch auf einen kleinen Endquerschnitt ausstrecken müssen.

Diese Kaliber sind eindeutig bestimmt, wenn die Form (Raute, Oval), die Größe des Kaliberquerschnittes (F_{Kal}) und das Achsenverhältnis (Breite/Höhe) angegeben sind. Abhängig von der geometrischen Gestalt eines Kalibers, erfährt das Walzgut - bedingt durch den sich einstellenden Spannungszustand - eine bestimmte Streckung. Der Spannungszustand wird sowohl durch die Gestalt und Größe des Walzeneinschnittes als auch von Form und Abmessung des einlaufenden Walzgutes sowie durch die räumliche Lage des Walzgutes zur Geometrie des Kalibers verändert.

In der vorliegenden Arbeit soll der Einfluß der Kaliberform bei veränderten Abmessungsverhältnissen auf die Verteilung der örtlichen Formänderungen untersucht werden. Die zu untersuchenden Raute- und Oval-Kaliber müssen so ausgelegt werden, daß die Kaliber bei Berücksichtigung der Umformbedingungen miteinander vergleichbar sind. Die charakteristischen Einflüsse der Kalibergeometrie auf die örtlichen Formänderungen im Walzgut müssen jedoch voll in Erscheinung treten. Ein solcher Vergleich ist normalerweise nicht möglich.

Um Kaliber verschiedener Form und Abmessungsverhältnisse miteinander vergleichen zu können, muß zum mindesten eine der ein Kaliber kennzeichnenden Größe konstant gehalten werden, z. B. der Streckgrad λ, der Ausgangsquerschnitt F_0, oder der Endquerschnitt F_1.

Diese drei Größen sind durch die Beziehung $\lambda = F_0/F_1$ miteinander verknüpft.

Des weiteren muß die Voraussetzung gemacht werden, daß das Walzgut den durch die Kalibrierung vorgegebenen Walzeneinschnitt vollständig ausfüllt; d. h., der Walzgut-Endquerschnitt (F_1) muß gleich dem Kaliberquerschnitt (F_{Kal}) sein; anders ausgedrückt: Der Füllungsgrad ($\delta = F_1/F_{Kal}$) muß gleich 1, 0 bzw. 100 % sein. Diese Bedingung ist notwendig, weil eine Unterfüllung eine Veränderung des Spannungszustandes und damit der örtlichen Formänderungen zur Folge hat. Die Veränderung des Formänderungszustandes bei wachsender Unterfüllung macht sich z. B. durch einen kleineren Streckgrad bemerkbar. Um einen Vergleich verschiedener Kaliber überhaupt durchführen zu können, muß die Bedingung einer vollständigen Füllung des Kalibers gestellt werden. Es sei denn, daß alle Kaliber auf einen konstanten aber kleinen Füllungsgrad (z. B. $\delta = 0,95$) ausgelegt werden.

1. Geht man bei der Kaliberauslegung davon aus, daß die zu vergleichenden Kaliber einen <u>konstanten Streckgrad</u> des Walzgutes hervorrufen sollen, so können formelmäßig beliebig viele Kaliber gleicher Form sowie gleichen Achsenverhältnisses aber unterschiedlicher Querschnittsgröße entworfen werden. In extrem großen und extrem kleinen Kalibern gewalzte Proben erfahren einen Streckgrad, der vom berechneten Streckgrad abweicht. Durch eine unterschiedliche Querschnittsgröße ist der Wärmeinhalt des Walzgutes verschieden groß, so daß sich bei Berührung des warmen Walzgutes mit den kalten Walzen unterschiedliche Abkühlungsverhältnisse einstellen. Dadurch ändert sich die Temperaturverteilung im Probenquerschnitt, die den Verlauf des Stoffflusses beeinflußt. In der Literatur findet man deshalb häufig, daß empirische Berechnungen von Kalibrierungen sowie zugehörige Zahlenangaben nur in einem engen Querschnittsbereich des Walzgutes Gültigkeit haben (14; 85).

Raute und Ovalkaliber, die eine konstante Streckung des Walzgutes verursachen, sind nur bedingt miteinander vergleichbar, wenn die Bedingung gestellt wird, daß das b/h-Verhältnis der zu vergleichenden Raute- und Ovalkaliber gleich sein soll. Ovalkaliber, die ein bestimmtes b/h-Verhältnis haben, erzielen eine größere Streckwirkung als entsprechende Rauten, und zwar unter der Voraussetzung, das die Kaliber vom Walzgut voll ausgefüllt sein sollen.

2. Den Ausgangsquerschnitt (F_0) und dessen Form gleichzuhalten wäre aus versuchstechnischen Gründen wegen einer einfacheren Probenherstellung günstig, weil stets gleiche Ausgangsabmessungen verwendet werden können. Bei diesem Vorgehen kann das Achsenverhältnis (b/h) frei gewählt werden. Der Streckgrad ist abhängig vom b/h-Verhältnis; d. h., wenn das Achsenverhältnis variiert und der Ausgangsquerschnitt (F_0) konstantgehaltenwird,

ergeben sich verschieden große Kaliberquerschnitte (F_{Kal}), da F_{Kal} = F_1 = F_0/λ ist. Wegen der unterschiedlichen Proben-Endquerschnitte bildet dieses Vorgehen - wie bereits unter Punkt 1 besprochen - keine Vergleichsmöglichkeiten von Kalibern verschiedenartiger Geometrie.

3. Durch die vorhergehenden Überlegungen ergibt sich zwangsläufig, die vergleichenden Rauten- und Oval-Kaliber mit konstanter Kaliberfläche (F_{Kal}) auszulegen.

Das Achsenverhältnis b/h wird dabei in dem betriebsüblichen Bereich gewählt. Rauten-Kaliber mit einem Winkel β im Kalibergrund von über 130° - entsprechend einem b/h-Verhältnis von 2,1 - werden praktisch nicht verwendet, weil sich in dem der Raute folgenden Quadratstich bei üblichen Walzendurchmessern Greif- und Führungsschwierigkeiten ergeben. Mit β = 94° sind die Rautenöffnungswinkel nach unten hin begrenzt (sog. Kaliberreihe Quadrat-Quadrat). In Kalibern mit einem kleineren Winkel β werden keine quadratischen Querschnitte eingesteckt, wie es für die hier auszulegenden Raute- und desgleichen Oval-Kaliber vorgesehen ist. Das Achsenverhältnis von Oval-Kalibern wird üblicherweise zwischen den Grenzwerten von 1,2 bis 3,5 gewählt, je nach der Funktion des Kalibers in einer Kaliberreihe (88). Darüber hinaus findet man in der Praxis auch Ovale mit b/h-Verhältnissen von 6. Eine Kalibrierung von Ovalen, deren Verhältnis b/h größer als 3,5 ist, wird aber grundsätzlich vom Walzgut nur teilweise gefüllt. Um einen zweckmäßigen Vergleich von Kalibern unterschiedlicher Form und Abmessungsverhältnisse anstellen zu können, ist die Bedingung δ = 1,00 aufgestellt worden.

Aus diesem Grunde werden in dieser Arbeit nur Ovale mit einem größten Achsenverhältnis von b/h = 3,5 berücksichtigt, die betrieblich nahezu 100%ig gefüllt werden können.

Anzahl und Größe der Kaliber, die für diese Untersuchung entworfen werden können, richteten sich nach den Abmessungen und der Auslegung des vorhandenen Versuchswalzwerkes (Kap. 3.1). Je ein Walzensatz stand zunächst für Oval- sowie für Rauten-Kaliber zur Verfügung. Für die Auslegung der Kalibrierung ergaben sich unterschiedliche Gesichtspunkte. Einerseits soll eine möglichst große Zahl von Kalibern im jeweils aufgezeigten Bereich des Achsenverhältnisses in die Untersuchung einbezogen werden; andererseits ist man bestrebt, dem Kaliber - und damit dem Walzgut - einen möglichst großen Querschnitt zu geben, um handlichere Proben bei der Auswertung vorliegen zu haben. Die Größe des Walzgutquerschnittes wird nach oben hin durch die maximale Kraft begrenzt, die das Walzwerk aufnehmen kann. Der Kraftbedarf beim Walzen im Oval-Kaliber mit einem b/h-Verhältnis von 3,5 begrenzt die Größe der Kaliberquerschnitte. In die vorhandene Ballenlänge konnten je Kaliberform auf jeder Walze fünf Rauten- bzw. Oval-Kaliber eingeschnitten werden. In der Tab. 1 sind die Achsenverhältnisse der verwendeten Streckkaliber zusammengestellt.

Jeweils Kaliber II bis V der Rauten und Ovale haben gleiches b/h-Verhältnis. Darüber hinaus ist - entsprechend dem Bereich der betrieblich verwendeten Kaliber - ein einzelnes Rauten-Kaliber mit einem kleinen b/h-Verhältnis und ein einzelnes Oval-Kaliber, dessen Achsenverhältnis größer ist als das der flachen Raute, einkalibriert worden. Der Ausgangs-

Tab. 1: Achsenverhältnisse der verwendeten Kaliber

Kaliberform	Raute		Oval
Kaliber-Nr.	Winkel im Kalibergrund ß (°)	Achsenverhältnis b/h	
I	94	1,1	-
II	100	1,2	1,2
III	108	1,4	1,4
IV	118	1,7	1,7
V	130	2,1	2,1
VI	-	-	3,5
Kaliberquerschnitt (F_0) : 780 mm^2 (gewählt)			

kaliberquerschnitt für alle Streckkaliber wurde unter Berücksichtigung der genannten Überlegungen mit 780 mm^2 gewählt. Die Berechnung der Kaliber erfolgte aufgrund der geometrischen Form. Die in der Praxis angewendeten und in der Literatur angegebenen, empirischen Berechnungsverfahren derartiger Streckkaliber ließen sich auf die gestellte Kalibrieraufgabe nicht übertragen.

Holzweiler (89) z. B. gibt für die Berechnung der Quadrat-Oval-Quadrat-Reihe folgende Gleichungen an:

i - 1. Kaliber (Oval)

$h_{i-1} = 0,885 \cdot d_i - 0,215 \sqrt{a_1}$; (≙ Höhe des Ovals)

$b_{i-1} = 2,715 \cdot h_{i-1} - 0,635 \sqrt{h_{i-1}}$; (≙ Breite des Ovals)

$$R_{i-1} = \frac{h_{i-1}^2 + b_{i-1}^2}{4\, h_{i-1}}$$ (≙ Bolzenradius des Ovals)

(a_1 ≙ Seite des Fertigquadrates)

i - 2. Kaliber (Quadrat)

$a_{i-2} = 1,688\, h_{i-1}$; (≙ Seite des Quadrates)

$h_{i-2} = b_{i-2} = 1,414\, a_{i-2}$; (≙ Diagonalen des Quadrates)

$r_{i-2} = 0,2\, d_{i-2}$; (≙ Abrundungsradius an den Quadratkanten)

Ausgehend vom Fertigquadrat, werden nach dieser Verfahrensweise die größeren Vorkaliber ermittelt; man spricht vom "Kalibrieren nach rückwärts". Diese und ähnlich aufgebaute Verfahren sind für die vorzunehmenden Kalibrierungen ungeeignet, da in den Formeln durch die vorgegebenen Faktoren bereits ein konstantes b/h-Verhältnis vorgegeben ist (68, 88). Dieses Achsenverhältnis soll aber variiert werden können.

Die Rautenkaliber der Versuchswalzen sind aus dem Achsenverhältnis konstruiert worden. Vorgegeben wurde der Wert des jeweiligen Verhältnisses $|b/h|$. Die Fläche von Rautenkalibern beträgt $F = \frac{1}{2} \cdot b \cdot h$, unter der Bedingung, daß der Walzspalt $s = 0$ ist. Aus dieser Gleichung lassen sich die Kaliberhöhe (h) und -breite (b) durch Einsetzen von $b = |b/h| \cdot h$ errechnen, wenn die Fläche (F) mit 780 mm^2 festgelegt ist. Unter Berücksichtigung des Walzspaltes ergibt sich die Kaliberfläche von Rauten zu $F_{Kal} = \frac{1}{2} \cdot b \cdot (h - s) + b \cdot s$. Hierbei ist $\frac{h - s}{2}$ die Einschnitt-Tiefe in die Walze. Beide Formeln können zur Berechnung herangezogen werden. Es wird angenommen, daß die seitliche Ausbildung des Walzgutes nach der ersten Berechnungsmethode scharfkantig und nach der zweiten Berechnungsmethode seitlich gerade ausgebildet ist. Das Walzgut erhält in Wirklichkeit in der Kaliberöffnung eine konvexe Form. Bei einem Walzspalt von 1 mm, wie er für diese Kalibrierungen normalerweise gewählt wird, ist die dadurch verursachte Abweichung zwischen Rechnung und Versuch vernachlässigbar klein.

Die Ausführung der Kalibrierung, die in dieser Weise errechnet wurde, ist in der Walzenzeichnung in Abb. 2a gezeigt.

Das Vorgehen zur Ermittlung der Oval-Kaliber ist grundsätzlich dasselbe wie bei der Kalibrierung der Rauten.

Zunächst muß allerdings vorausgeschickt werden, daß Oval-Kaliber sich im mathematischen Sinne aus zwei Kreisabschnitten zusammensetzen, die spiegelbildlich zur Sehne versetzt sind.

Die Fläche eines Kreisabschnittes ergibt sich zu:

$$F = \frac{h/2}{6\,b} \left(3 \frac{h^2}{4} + 4\,b^2\right);$$

d.h., der Kaliberquerschnitt errechnet sich unter der Annahme, der Walzspalt sei $s = 0$, mit:

$$F_{Kal} = 2\,F_{\ominus} = \frac{h}{6\,b} \left(3 \frac{h^2}{4} + 4\,b^2\right);$$

sofern $s \neq 0$ ist, erhält man:

$$F_{Kal} = \frac{h - s}{6\,b} \left(3 \frac{(h - s)^2}{4} + 4\,b^2\right) + b \cdot s.$$

Da diese Beziehung rechnerisch unhandlich ist, wird die Kaliberfläche in der Praxis häufig näherungsweise als Parabelfläche betrachtet $F = \frac{2}{3}\,b \cdot h$ (68). Wusatowski korrigiert diese Formel zu $F = \frac{2}{2{,}85} \cdot b \cdot h$ (88).

Für die Berechnung der zu kalibrierenden Oval-Kaliber wurde die Fläche als Kreisabschnitt berechnet. Mit den in der Tab. 1 vorgegebenen Achsenverhältnissen ist die Walzenkalibrierung (Abb. 2b) errechnet und ausgelegt worden. Der Radius der Kreisabschnitte (Bolzenradius) ergibt sich aus der Beziehung

$$R = \frac{h^2 + b^2}{4\,h} \; .$$

In Rautekalibern werden Anstichquadrate so eingesteckt, daß die Diagonalen der Quadrate mit den Hauptsymmetrieachsen der Rauten deckungsgleich sind. In Ovale laufen Quadratquerschnitte stets flach ein; d. h., zwei der Quadratseiten befinden sich parallel zur Walzachse bzw. parallel zur größeren Symmetrielinie des Ovals.

Die Anstichquerschnitte der in die entworfenen Kaliber eingeführten Kaliber müssen nach der Beziehung $F_0 = \lambda \cdot F_1$ bzw. für eine 100%ige Füllung $F_0 = \lambda \cdot F_{Kal}$ ermittelt werden. Hierbei ist man auf Anhaltswerte des Streckgrades aus der Literatur angewiesen (7; 14; 31; 68; 88; 89; 90). Meistens ist für eine bestimmte Stichfolge ein Bereich der zu erwartenden Streckung angegeben. In diesem Bereich sind Einflußgrößen wie z. B. Walzenrauhigkeit, Walzgeschwindigkeit, Walzendurchmesser usw. enthalten. In den Abb. 3a und b sind im Schrifttum enthaltene sowie betrieblich gewonnene Angaben über Streckgrade der Stichfolgen Quadrat-Raute und Quadrat-Oval in Abhängigkeit vom Verhältnis der Kaliberbreite zur -höhe aufgetragen. Daraus wurden für die benutzten Kaliber die jeweiligen Anstichquadrate berechnet. In Probewalzungen konnte festgestellt werden, daß die so ermittelten Anstichquerschnitte die Kaliber teils unter- und teils überfüllten. Deshalb wurden eigene Vorversuche unter den für diese Untersuchung vorgegebenen Walzbedingungen durchgeführt und die Anstichquerschnitte, welche die errechneten Walzeneinschnitte bei einem Walzspalt von 1 mm 100%ig füllen, experimentell ermittelt.

In den Diagrammen (Abb. 3a und b) sind die durch Versuchswalzungen gefundenen Streckgrade als dickausgezeichnete Kurven eingetragen.

Streckkaliberfolgen werden in der Regel aus aufeinanderfolgenden Kalibern gebildet. Jedes zweite Kaliber einer Stichfolge hat eine ähnliche geometrische Form, z. B. Quadrat → Raute → Quadrat, Quadrat → Oval → Quadrat. In einer solchen Stichfolge ist die Stichabnahme im Raute- bzw. im Oval-Kaliber größer als im darauffolgenden Quadratkaliber (Rückstich). Um eine Aussage über den Stofffluß in den Stichfolgen machen zu können, sind - abgestimmt auf die Rauten- und Ovalstiche der Versuchswalzen - zugehörige Quadratkaliber entworfen worden. Dabei wurde von einer Kaliberregel ausgegangen, die besagt, daß der Streckgrad im Quadratkaliber 0, 7 bis 0, 8 der Streckung des Vorstiches (Raute; Oval) ist. Wegen der unterschiedlichen Streckung der einzelnen Raute- bzw. Ovalstiche, deren Achsenverhältnisse verschieden groß sind, konnte bei der Auslegung der nachfolgenden Quadratstiche das Prinzip, daß alle Quadrat-Kaliber gleiche Kaliberflächen haben sollen, nicht gewahrt werden. Probewalzungen ergaben, daß Quadrat-Kaliber nicht vollständig füllten. Aufgrund von Walzversuchen wurden die Quadratkalibrierungen durch Abdrehen der Walzen geändert, bis die Walzstäbe die Kaliberquerschnitte voll ausfüllten (Abb. 4).

Die im Mittelpunkt dieser Arbeit stehenden Kaliber- und Stichfolgen sind weiterhin durch eine Stichfolge Quadrat-Sechskant-Quadrat und Voroval-

Rund ergänzt worden.

Das Sechskant-Kaliber (Abb. 5) ist in Anlehnung an die Sechskant-Kalibrierung von Neuhaus (64) entworfen worden, wobei der Kaliberquerschnitt in etwa auf denjenigen der Raute- und Oval-Kaliber abgestimmt wurde. Es ergab sich im Rahmen der Vorversuche, daß als nachfolgendes Quadrat das Quadrat-Kaliber Nr. V voll gefüllt wurde. Die Walzung von Rund (Abb. 4) ging von dem Schlicht-Oval-Kaliber IV (Abb. 2b) aus. Der nach Hütte (68) durchgeführte Kaliberentwurf bedurfte keinerlei nachträglicher Korrektur, wie eine Probewalzung gezeigt hat. Mit den berechneten 17 verschiedenen Kalibern sind die wichtigsten in Streckkaliberfolgen vorkommenden Kaliberarten erfaßt.

3.3 Versuchsvorbereitung

Nachdem die zu untersuchenden Stichfolgen ausgewählt und hierfür zweckmäßige Kalibrierungen erstellt sind, muß der Versuchsaufbau im Hinblick auf eine Beobachtung des Stoffflusses erarbeitet werden. Aufgebaut wird auf der Kenntnis von Versuchsdurchführungen, wie sie in früheren Untersuchungen zur Ermittlung des Stoffflusses angewendet worden sind (Kap. 2.2).

Um örtliche Formänderungen in Längs- und Breitenrichtung an Stahlproben feststellen zu können, eignen sich am ehesten gerasterte Proben. Die Rasterabstände können vor und nach der Verformung ausgemessen werden und können so gewählt werden, daß die Auswertung bei einem erträglichen Versuchsaufwand eine hinreichende Aussagekraft hat.
Aus meßtechnischen Gründen wird das Versuchsprogramm unterteilt. Einerseits werden die örtlichen Formänderungen an der Oberfläche und andererseits im Innern von Versuchsstäben ermittelt.

Zur Feststellung des Stoffflusses an der Oberfläche wurden auf Endmaß gehobelte Versuchskörper über den Umfang mit einem Punktraster versehen. Beim Warmformgebungsverfahren ist die Art und Größe der Rasterpunkte entscheidend für deren Wiedererkennbarkeit nach der Verformung. Die im Ausgangszustand scharf umrissenen Punkte verlieren nämlich nach der Umformung ihre scharfe Kontur und den Kontrast zum Untergrund. Dies um so mehr, je stärker das Walzgut verzundert und je größer die örtlichen und die damit zusammenhängenden Gesamtformänderungen sind. Beide Ursachen führen zu einer Verflachung der Tiefe der Eindrücke, einerseits durch Stauchung der Eindrücke, andererseits durch Abzunderung der Oberfläche. Das bedeutet, daß die Eindrücke eine bestimmte Tiefe haben müssen. Andererseits können tief in die Oberfläche eingedrückte Markierungen, beim Auftreten großer Längsformänderungen schlecht zu erkennen sein, wenn Oberflächenteilchen relativ stärker verschoben werden als die darunter befindlichen Teile, weil dann die Eindrucksmittelpunkte von den randnahen Begrenzungen der Eindrücke überlappt werden. Bei Warmformgebung ist eine Oxydation metallischer Oberflächen nicht zu vermeiden. Die im Ausgangszustand eingebrachten metallisch glänzenden Rasterpunkte haben deshalb nach der Verformung eine verringerte Reflexion und einen geringeren optischen Kontrast zur umgebenden Oberfläche.

Beim Walzen auf der Flachbahn sind nach Kettner (18) mit der Rockwell-C-Spitze aufgebrachte Markierungen nach einer Verformung von $\varepsilon_h \sim 45\%$ gut zu erkennen. Nach gleichen Abnahmen waren Vickerseindrücke nur noch schemenhaft zu sehen. Für die vorliegenden Versuche wurden Markierungspunkte mit einem Wolpert-Härteprüfgerät bestückt mit einer Rockwell-C-Spitze bei einer Last von 300 kp/mm^2 eingedrückt. Tastversuche haben gezeigt, daß diese Rasterpunkte nach dem Walzen in den vorliegenden Kalibern bei maximal auftretenden örtlichen Formänderungen bis $\varepsilon_h \sim 50\%$ hinreichend genau zu erfassen sind.

Die Abstände der einzelnen Eindrücke wurden an einem Kreuztisch mit Mikrometerverstellung eingestellt. In einem Bereich von ca. 30 x 30 mm symmetrisch zur Länge und Breite der Proben wurden 5 Punktreihen in Längs- und 3 in Breitenrichtung angebracht. Die Abstände der Eindrücke betrugen in Längsrichtung 2,5 und in Breitenrichtung 3 mm.

Versuchsstäbe, die in Rautekaliber eingesteckt wurden, waren an zwei aufeinanderfolgenden in Ovalkaliber eingeführte auf zwei jeweils gegenüberliegenden Quadratseiten in der beschriebenen Weise gerastert. (Abb. 6) Diese Anordnung hat den Vorteil, daß im Kaliber leicht verkantet gewalzte Proben auswertbar sind, indem jeweils koordinierende Rasterabstände benachbarter Seiten gemittelt werden können. Aus Symmetriegründen ist dieses Verfahren zulässig. Da für die Stichfolge Quadrat-Oval bei dieser Anordnung der Meßstrecken die Verteilung der örtlichen Formänderungen zunächst ausschließlich an den gedrückten Flächen erfaßt werden kann (Abb. 6b), nicht aber an den frei breitenden Quadratseiten, sind zusätzlich die seitlich in die Kaliber eintretenden Quadratseiten bis zur Mittellinie in Längsrichtung gerastert worden (Abb. 6b - schwarze Punkte).

Das Raster auf Ovalproben (Ausgangsquerschnitt der Stichfolge Oval-Quadrat) wurde wegen der gewölbten Oberflächen nicht mit einem Härteprüfer aufgebracht, sondern die einzelnen Markierungen wurden, nachdem das Netz vorgezeichnet war, mit einem auf 100° angeschliffenen Körner sorgfältig von Hand eingeschlagen. Der Abstand der Rasterpunkte betrug in beiden Richtungen 3 mm.

Zur Messung des Stoffflusses im Innern von in Kalibern warm gewalzten Proben sind Versuchsstäbe aus einer Anzahl gleich dicker ebener Schichten zusammengesetzt worden. Die geschichteten Proben wurden auf den einzelnen Lamellen gerastert. Aus der Längenänderung der einzelnen Rasterpunkte nach der Verformung kann dann der Stofffluß ermittelt werden, wenn die kompakt zusammengebauten Proben nach dem Walzen in ihre einzelnen Bestandteile zerlegt worden sind. Um zu erreichen, daß sich eine lamellierte Probe wie ein Vollkörper verhält, mußte senkrecht auf die zwischen den einzelnen Schichten befindlichen Fugen eine Hauptdruckspannung wirken, d.h., die Teilungsflächen müssen senkrecht zur Richtung der Walzkraft angeordnet sein. Unter der Annahme einer in dieser Weise wirkenden einachsigen Druckbelastung können sich die einzelnen Schichten nicht voneinander lösen. Beim Walzen in einfachen Kalibern treten aber bedingt durch die seitlich geneigten Kaliberwände zusätzlich zur Walzkraft in Richtung der Teilungen Querkräfte von nur abschätzbarer Größe auf. Durch die Zuordnung der Geometrie des einlaufenden Querschnittes zu dem des Kalibers sind quadratische Schichtproben, die in

Oval- und vor allem in Rundkaliber einlaufen, besonders gefährdet, weil die Querkomponente bereits zum Tragen kommt, wenn die im Kalibergrund befindliche Quadratseite noch keinen Druck erfährt. Eine einfache Kräftezerlegung für den Moment des ersten Kontaktes eines Quadrates in ovalkalibrierten Walzen zeigt schematisch Abb. 7. Dabei ist von einer Voraussetzung ausgegangen, daß die Walzkraft P_V für beide Fälle gleich sei. Man erkennt, daß die Querdruckkraft (P_H) um so größer wird, je kleiner das b/h-Verhältnis ist. Des weiteren sieht man, daß der Hohlraum zwischen quadratischem Walzgut und Kalibergrund, in dem horizontal geschichtete Lamellen ausknicken können, beim Walzen in rundähnlichen Kalibern größer ist. Sowie das Walzgut den Kalibergrund berührt, werden die Lamellen von der vertikalen Walzkraft (Normalkraft) aufeinandergepreßt. Ein Abheben der Schichten voneinander kann bei dieser Versuchsanordnung nur beim Anstich erfolgen, da dann die Querkomponente einen Höchstwert besitzt. Um dieser Möglichkeit entgegenzuwirken, können die einzelnen Lamellen nicht beliebig dünn gewählt werden. Eine dickere Lamelle knickt erst bei größeren Querkräften aus als eine dünnere. Experimentell wurde in Vorversuchen ein Probenaufbau aus Flachstahl der Güte St 37/K mit einer Dicke von 4 und 5 mm verwendet. Diese Vorversuche haben gezeigt, daß sich diese Art der Probenpräparierung beim Walzen in allen zu untersuchenden Kaliberformen bewährt hat. Um festzustellen, daß während des Walzvorganges zwischen den einzelnen Schichten keine Relativbewegung stattgefunden hat und kein zwischenzeitliches Loslösen der Schichten erfolgt, wurden Stecker gewalzt, bei denen die Schichten über die gedrückte Länge beobachtet werden konnten.

Die Probenform wurde auf die einzelnen Kaliber abgestimmt; der Aufbau erfolgte folgendermaßen:

Zunächst wurden die einzelnen Lamellen mit den Abmessungen 300 x 50 x 5 bzw. 4 mm symmetrisch zur Längenmitte mit einem Rasternetz der Länge von 48 mm versehen. Zwei Zentrierbohrungen waren eingesenkt worden (Abb. 8a). Die mittlere Rasterlinie sowie die Bohrungen befanden sich auf der Breitenmitte. Die Rasterlinienabstände betrugen jeweils 4 mm. Die Länge des gesamten Rasternetzes betrug 48 mm. Die Rasterlinien sind z.T. mittels einer Hobelmaschine gestoßen worden. Aus Gründen der Rationalisierung ist eine Prägeapparatur konstruiert worden, wobei gleichzeitig die Körnerpunkte für zwei Zentrierbohrungen mitgeprägt wurden. Die Vorteile geprägter Rasternetze bestehen neben einer schnelleren Herstellung darin, daß das Liniennetz nur an einer Lamelle auf Maßgenauigkeit geprüft werden muß. Im anderen Falle mußten die Netze aller Lamellen im Ausgangszustand vermessen werden. Die einzelnen Lamellen wurden im gerasterten Zustand übereinandergeschichtet. Die Zentrierung bewirkt, daß die Rasterlinien der einzelnen Schichten im Querschliff rechtwinklig und übereinander angeordnet sind. Unter Anpreßdruck wurden die geschichteten Rohproben an Fuß- und Kopfende verschweißt und auf ein für den Anstichquerschnitt notwendiges Übermaß gehobelt. In Abb. 8 sind die Probenpräparierungen, wie sie für die einzelnen Kaliber gebraucht wurden, gezeigt. Teilabb. b zeigt den Probenaufbau wie er in Oval- und Sechskantkalibern angestochen wird; Teilabb. c bis d geben verschiedene Anstichformen wieder, die in Quadratkaliber eingeführt werden. Die Form der Raute, Ovale und Sechskante wurde jeweils aus einem rechtkantigen Schichtpaket herausgearbeitet. Die Teilfugen liegen parallel zum Walzspalt; die letztgenannten Querschnitte werden hochkant in das entsprechende Kaliber eingeführt. Um einen Zusammenhalt des geschichteten Flachstahls während des Aufheizvorganges und bei der Verformung zu gewährleisten, wurden die Seitenflächen mit je vier 8 mm tiefen V-Nuten versehen und die Lamellen elektrisch verschweißt. Die Lage der mittleren Schweißnähte soll möglichst nahe am gerasterten Meßteil der Probe liegen. Da sich während der Verformung die senkrechten Linien in Walzrichtung verkrümmen, sind diese Schweißnähte 12 mm vom Rasternetz entfernt angebracht worden, um aus der verformten Probe mit senkrechten Sägeschnitten den gerasterten Teil vollständig heraustrennen zu können, ohne daß sich einerseits in diesem Teil verschweißte Lamellen befanden und andererseits für die Auswertung notwendige Rasterlinien bei der Probenzerlegung vom gerasterten Probeteil abgetrennt wurden. Die anderen beiden Schweißnähte wurden möglichst nahe der beiden Probenenden angebracht, damit ein fächerartiges Aufspreizen vermieden werden konnte. Eine Probenlänge von 300 mm reichte, wie Versuche gezeigt haben, bei dieser Anordnung der Meßlänge (Rasterlänge) vollständig aus, um den Einfluß der Eintritts- und Endzungen, die einen andersartigen Stofffluß verursachen, anzuschließen.

Ein entscheidendes Problem ergab sich bei dieser Art des Versuchsaufbaues dadurch, daß die einzelnen Schichten unter Temperatur- und Verformungsbedingungen teilweise oder ganz verschweißten, so daß eine Messung und Auswertung unmöglich wurde. Um ein Verschweißen der Lamellen bei der Walztemperatur von 1150 °C und dem jeweils gegebenen höchsten Walzdruck zu verhindern, sind zahlreiche Versuche angestellt worden mit dem Ziel, ein geeignetes Mittel zu finden, welches ein Verschweißen der einzelnen Probenlagen verhindert ohne ein Gleiten der einzelnen Schichten gegeneinander zu fördern. Als Trennmittel kamen Substanzen infrage, die bei Walztemperatur nicht schmelzen, verbrennen, Zunder bilden oder aber mit Stahl eine Verbindung eingehen. Dabei hat sich Chromoxyd als geeignet erwiesen. Pulverförmiges Chromoxyd in einer Körnung von 60 bis 80 μm wurde in Alkohol aufgeschlämmt, um einen dünnen gleichmäßigen Auftrag auf den einzelnen Schichten vornehmen zu können. Dieses Trennmittel wirkte nur dann, wenn die Oberflächen der einzelnen Platten metallisch blank sind. Aus diesem Grunde ist für die Probenherstellung kaltgezogener Stahl verwendet worden. Aufgebracht wurde das Chromoxydpulver auf die einzelnen gerasterten Lamellen vor dem Zusammenbau der Rohproben.

3.4 Versuchsdurchführung

Die fertiggestellten zu den jeweiligen Kalibern gehörenden Proben wurden in einem elektrisch beheizten Muffelofen unter Schutzgas auf eine Temperatur von 1150 °C erwärmt. Die Aufheizdauer im warmen Ofen betrug jeweils 25 Minuten; diese Wärmezeit gewährleistete eine gleichmäßige Durchwärmung. Zu jeder Fertigprobe (oberflächengerastert oder lamelliert) wurden mehrere Vorproben hergestellt und gewalzt, mit Hilfe derer die Einstellung des Walzwerkes und teilweise der benutzten Führungen vorgenommen wurde. Die aus dem Ofen gezogenen Proben zeigten nur einen leichten Flugzunder. Fertigproben wurden stets einzeln gewärmt, um eine stärkere Verzunderung, die durch Öffnen der Ofentüre und die dadurch bedingte Sauerstoffzufuhr entsteht, zu vermeiden. Die Abkühlung zwischen Ziehen aus dem Ofen und Verformung lag unter ca. 20 °C.

Gewalzt wurde mit einer Geschwindigkeit von 0,1 m/s bezogen auf den mittleren gerasterten Probenteil. Diese Einschränkung muß gemacht werden, weil im Moment des Einsteckens ein teilweise beträchtlicher Abfall der Drehzahl des Walzwerkes auftrat, der sich dann entweder auspendelte oder aber auf den Sollwert nachreguliert werden konnte. Vorproben und Fertigproben, die zur Messung des Oberflächenstoffflusses (Vollproben) dienten, wurden sofort nach Austritt aus dem Walzgerüst in Wasser abgekühlt, um die Bildung von Sekundärzunder, der eine Wiedererkennbarkeit der Meßmarkierungen verschlechtert, zu vermeiden. Geschichtete Proben, wie sie für die Messung des Stoffflusses im Innern verwendet wurden, konnten nicht in dieser Weise in Wasser gekühlt werden. Die Begründung dafür liegt in der Art der Wärmeabfuhr vom Rand zur Mitte und in der Ausbildung der einzelnen Lamellen. Die schroffe Abkühlung in Wasser hat zur Folge, daß die äußeren Lamellen kontrahieren; die inneren, da sie eine wesentlich höhere Temperatur haben, erfahren diese Wärmekontraktion zu einem späteren Zeitpunkt. Das bedingt eine größere Dimension. Da im Meßteil der Proben sämtliche Lamellen durch die Schweißnähte fest eingespannt sind, tritt während der Abkühlung eine plastische Nachverformung der äußeren Lamellen auf, die das Meßergebnis verfälscht. Aus diesem Grunde wurde die Abkühlung der geschichteten Proben, abgestimmt auf den Probenaufbau, nach zweierlei Methoden vorgenommen. Proben, die im Ausgangszustand über die Höhe gleiche Lamellenbreite haben (Abb. 8b) - in Oval oder Sechskantkalibern verformt - wurden in Luft abgekühlt. Proben, die aus verschieden breiten Lamellen bestehen (Abb. 8c; d; e), deren oberste und unterste Schicht einen relativ kleinen Querschnitt haben, also an Stellen mit begünstigter Wärmeabfuhr, konnten nicht mehr an der Luft abgekühlt werden, da die Außenlamellen mit dem geringsten Querschnitt, dann eine Nachdehnung teils eine Einschnürung zeigten oder aber an der Schweißnaht brachen. So ausgebildete Proben wurden direkt nach Verlassen des Walzgerüstes in einen zweiten Ofen eingelegt, der auf einer Temperatur von 900°C war. In diesem Ofen wurden die Proben unter Schutzgas abgekühlt. Mit Hilfe dieser Maßnahme wurde erreicht, daß nach dem Walzen keine die Messung verfälschende Effekte durch den Abkühlvorgang auftraten.

Quadratische Stäbe wurden in Rauten- und Sechskantkaliber freihand eingesteckt, desgleichen Rauten- und Sechskantproben in Quadratkaliber. Das ist möglich, da in beiden Fällen eine hinreichende Selbstzentrierung des Walzgutes durch die Form sowohl des Eintrittsquerschnittes als auch des Kaliberquerschnittes vorliegt. Anders verhalten sich Quadratproben, die in Ovalkalibern gewalzt werden und vor allem ovale Querschnitte beim Einlauf in Quadrat- bzw. Rundkalibern. Aus diesem Grunde wurden die zuletzt genannten Stichfolgen mit Führungen gewalzt. Quadratische Querschnitte können auf der Einlaufseite relativ einfach von Führungslinealen symmetrisch in die Kaliber eingeführt werden. Die Führungslineale bestehen aus rechtkantigen Stäben, die auf einem in der Höhe verstellbaren Tisch montiert sind. In Breitenrichtung lassen sie sich mit in Nuten laufenden Halteschrauben auf das Breitenmaß der Quadrate vor dem Walzeneinschnitt justieren. Zum Einführen von Ovalquerschnitten ist eine spezielle Konstruktion von Einführungselementen notwendig gewesen. Diese Führungen bestehen aus zwei senkrecht geteilten trichterförmigen Hälften, in die das genaue Profil des Einlaufquerschnittes eingearbeitet ist (Abb. 9). Eine Höheneinstellung erfolgt über den vorhandenen planen Tisch. Bei festliegender Ausgangsform der Probe ist eine Verstellung der Führungselemente in Breitenrichtung, die Einführungstiefe in den Walzspalt, Zentrierung zum Kaliber und auch eine Abstimmung auf die Dicke der Probe mit Justierschrauben an den eigentlichen Führungselementen möglich. Eingestellt wurden diese Führungen vor jedem Versuch mittels Tastlehren. Die Einstellung wurde an Hand von Vorproben überprüft. Die Einführungselemente müssen so justiert sein, daß sich die Hauptsymmetrieebene des Kalibers mit denen des Anstichquerschnittes decken. Anderenfalls verdreht sich der Walzstab im Kaliber und wird einseitig über- oder unterfüllt.

3.5 Auswertungsmethode

Nach der Verformung mußten die Abstände der Markierungen der Rasternetze vermessen werden. In Raute- und Quadratkalibern gewalzte Stäbe haben ebene Teiloberflächen. Eine Ausmessung der Rasternetze auf diesen Proben erfolgte in einfacher Weise mit Hilfe eines Leitz-Tischprojektors. Jeweils eine Fläche des Umfanges bzw. ein maßstäblich fotografiertes Negativ davon wurde auf dem Objekttisch justiert. Die Abstände der einzelnen Markierungen konnten an einer Skala in vergrößerter Projektion ermittelt werden. Stäbe mit gewölbten Oberflächen, wie z. B. Ovale, konnten in dieser Meßanordnung nicht ausgewertet werden. Eine fotografische Aufnahme der verformten Raster würde die Projektion, nicht aber die tatsächlichen Abstände der Meßmarkierungen nach der Verformung auf den gewölbten Flächen wiedergeben. Da aber die wahren örtlichen Teilchenverschiebungen gegeneinander den Stofffluß ergeben, muß eine Abstandsänderung auf gekrümmten Flächen gemessen werden können. Es wurden verschiedene Wege beschritten und mehrere Möglichkeiten erprobt, um die Rasterabstände auf gekrümmten Flächen ausmessen zu können. Die einfachste Möglichkeit zur Lösung dieses Problems besteht in einer manuellen Übertragung der Meßpunkte auf ein über die bogenförmige Oberfläche der Probe gespanntes Transparentpapier bzw. einer dehnungssteifen Klarsichtfolie. Letztere hat den Vorteil, daß schlecht sichtbare Meßpunkte besser zu erkennen sind. Beide Methoden haben den Nachteil, daß die Übertragung der Markierungen von Hand Fehlermöglichkeiten bietet bzw. die Meßgenauigkeit verringert. Deshalb wurde nach einem direkten Abdruckverfahren gesucht, welches die subjektiven Fehlerquellen ausschließt. Direkte Stempelabdrücke sowie Drucke der Raster entweder direkt von der Probe oder von Abgüssen mit Technovit erbrachten keinen Erfolg. Im Rahmen dieser Arbeit ist unter den vorausgesetzten Bedingungen als beste und mit dem relativ geringem Arbeitsaufwand durchzuführende Methode erkannt worden, die Rasterlinien auf eine Triafol-Folie (halbtransparent) zu übertragen. Diese Folie, wie sie auch in der Elektronenmikroskopie verwandt wird, ist in mehreren Ausführungen und Dicken lieferbar, sie wird abgestimmt auf die Ausdehnung der gerasterten Fläche geschnitten, auf das Raster gelegt und mit einem Lösungsmittel (Essigsäuremethylester) benetzt. Dabei legt sie sich an die Fläche des Probekörpers an. Die Profilunterschiede der Probe (eingeprägte oder -gestoßene Rasterlinien) werden in Form von Dicken- bzw. Transparenz-Stufungen von der Kunststoff-Folie festgehalten. Die mit der Kunststoff-Folie bedeckte Probe wird unter einem Warmluftstrom getrocknet. Die Folie kann danach abgelöst werden. Die die Rasterlinien oder Markierungen enthaltende Folie wird beschnitten und kann in einem Vergrößerungsgerät direkt als fotografisches Negativ verwendet werden. Für den Verwendungszweck hat sich eine Foliendicke von 0,06 mm als geeignet herausgestellt. Von diesem "Negativ" sind Vergrößerungen im Maßstab zwischen 5 bis 10:1 auf Agepe-Papier hergestellt worden, an denen die Abstände festgestellt worden sind. Der in diesem Arbeitsablauf enthaltene Verzug von Folie (2 %) und Vergrößerungspapier (5 %) wurde rechnerisch beseitigt, indem bei jedem Arbeitsgang Maßstäbe eingelegt wurden. Die Meßblätter werden in den senkrecht zueinander stehenden Hauptmaßen mit direkt an der Probe gemessenen Hauptmaßen in Längs- und Breitenrichtung verglichen und korrigiert.

Ein Beispiel für ein auf dem Wege über Triafol-Folie hergestellten Blattes zeigt Abb. 10; die Abb. 11 zeigt prinzipiell die Kennzeichnung der einzelnen Rasterlinien für die Längs- und Querrichtung. Die breiteste Lamelle wird von links nach rechts durchnummeriert. In Walzrichtung wird von oben auf die Lamelle gesehen vom Walzspalteintritt zum -ende eine durchlaufende Bezeichnung der Rasterlinien gewählt. Die Bezeichnung der Rasterlinien der restlichen Lamellen wird diesem Grundraster zugeordnet. Die Bezeichnung der Lamellen (L1 usw.) wird von oben nach unten gezählt. Die Oberseiten der Lamellen sind gerastert, so daß daran an der gewalzten Probe stets die Lage der Stäbe, wie sie im Walzspalt erfolgte, festzustellen ist, ohne zusätzliche Markierungen aufbringen zu müssen. Um einen Abstand zwischen zwei Meßpunkten zu kennzeichnen, beispielsweise auf der Breitenlinie 1 zwischen den Schnittpunkten der Längs-Linien 2 und 3, wird diese Entfernung mit 2/3 beziffert.

Die Abdruckfolien dienen zur Auswertung von durchgewalzten Stäben. Bei gebremsten Stäben (Steckern) versagt diese Methode, weil die Flächen, auf denen die Rasternetze ausgemessen werden müssen, eine dreidimensionale Krümmung haben. Für die fotografische Übertragung auf das Meßpapier im Vergrößerungsgerät müßten die Vorlagen plan sein. Die Rasterabstände der Stecker werden deshalb mit Hilfe eines Präzisionszirkels abgegriffen und diese Längen an einem Transversalmaßstab mit einer Ablesemöglichkeit von 1/10 mm ermittelt.

Die nach einem der beschriebenen Verfahren erhaltenen Meßwerte wurden tabelliert.

Die Verarbeitung der Meßwerte erfolgt nach zwei Gesichtspunkten. Zunächst ist eine summierte Auftragung der Abstandsveränderungen gewählt worden. Die durch den Walzvorgang bedingte Abstandsänderung der einzelnen Meßpunkte wird mit $\Sigma \Delta b_t$ in Quer- und mit $\Sigma \Delta l_t$ in Längsrichtung bezeichnet. In den Diagrammen (Abb. 13 und 14) sind auf der Ordinate die summierten Abstandsänderungen $\Sigma \Delta b_t$ bzw. $\Sigma \Delta l_t$ aufgetragen. Das heißt: Zu der Abstandsänderung zwischen erstem und zweitem Meßpunkt wird die Änderung Δb_t, die zwischen zweitem und drittem Meßpunkt stattgefunden hat, addiert usw. Ergibt diese Darstellungsweise im Schaubild eine parallel zur Abszisse verlaufende Gerade, dann hätten sich die Abstände der Meßmarkierungen während des Walzvorganges gegeneinander nicht geändert. Eine Abstandsvergrößerung wird durch eine positive Steigung und eine Verminderung durch eine negative Steigung der Kurvenzüge wiedergegeben.

Auf den Abszissen sind jeweils die über die Oberfläche summierten Teilabstände der Markierungen Σb_t vor der Verformung notiert. Diese Darstellungsweise schien zunächst sehr zweckmäßig, weil sie die Auswertung der Rasternetze mit dem am Tischprojektor in Verbindung mit einem

Kreuztisch, der eine Mikrometerverstellung hat, gemessenen Werte vereinfacht.

Diese Auftragungsart der Ergebnisse ist jedoch im weiteren Verlauf der Arbeit nicht beibehalten worden, weil diese Darstellung nicht sehr anschaulich ist.

Es ist ein Teilbreit- bzw. -streckgrad (β_t; λ_t) zur Kennzeichnung des Stoffflusses benutzt worden. Diese sind definiert als Verhältnis der Abstände zwischen zwei jeweiligen Rastermarken vor dem Stich und nach dem Stich entsprechend in Probenbreite oder -länge. Dementsprechend bedeutet ein Zahlenwert über 1,0 einer durch Verformung verursachten Meßpunktentfernung und kleiner 1,0 einer Meßpunktannäherung; das Walzgut erfährt also eine örtliche "Streckung" oder eine örtliche "Aufstauchung" beispielsweise über die Probenbreite. Als zweite Koordinate wird in den Diagrammen die Bezeichnung der Meßreihen bzw. die Rasternummern gewählt, durch die die Lage des Meßortes auf den Proben gekennzeichnet ist. Zusätzlich muß bei Beobachtung des Stoffflusses im Innern die Nummer der Lamelle angegeben werden.

4. Versuchsergebnisse

Die Messung der Stoffbewegungen im Walzgut beim Walzen in den beschriebenen Stichfolgen sind mit einer zweifachen Zielsetzung ausgewertet worden:

1. um Aussagen über den Stofffluß an der Oberfläche und
2. über den Stofffluß im Querschnitt machen zu können.

Eine Beobachtung von Materialstauchungen und -zerrungen über den Umfang von Walzstäben kann aufschlußreich für die Entstehung evtl. Oberflächenfehler sein. Der Stoffflußverlauf im Innern soll zeigen, ob und wie ein Walzgut vom Rand bis zum Kern durchgeformt wird. Auf der anderen Seite ist es von wissenschaftlichem Interesse, in welcher Weise die Geometrie des eintretenden Walzgutes zugeordnet zu der Kalibergeometrie die Stoffflußverteilung beeinflußt. Systematische Untersuchungen über den Stofffluß beim Warmwalzen von Stahl in Abhängigkeit von der Geometrie der Kaliber sind bislang nicht bekannt. Die Versuchsergebnisse des Stoffflusses an der Oberfläche können nur in einigen wenigen Fällen mit denen des Stoffflusses im Innern verglichen werden. Die Stoffbewegung im Walzgutinnern wird an Hand von Rasternetzen verfolgt, deren räumliche Lage sich nach den Richtungen der Hauptsymmetrielinien der Kaliber richtet, unabhängig von der Form und Abmessung des Ausgangsquerschnittes und des Kalibers.

Im Hinblick auf dieses räumlich festgelegte rechtwinklige Koordinatensystem sind die Oberflächenraster um einen Winkel verschoben, dessen Größe sich nach der Geometrie des Eintrittsquerschnittes, des jeweiligen Kalibers und nach der Lage des Anstichquerschnittes, zugeordnet zur Lage des Kalibers, richtet. Die Gesichtspunkte, unter denen die beiden Beobachtungsmethoden betrachtet werden, sind verschieden. Die Ergebnisse der beiden Versuchsserien lassen sich nur dann gemeinschaftlich abhandeln, wenn sich aufgrund der üblichen räumlichen Zuordnung von Walzgut und Kaliber die Oberflächenraster in Richtung der genannten Symmetrieebenen befinden.

4.1 Stofffluß über den Umfang des Walzgutes

Zunächst ist der Stofffluß in Breitenrichtung beobachtet worden. Als alternative Streckkaliberreihen werden die Stichfolgen Quadrat-Raute und Quadrat-Oval in Betracht gezogen.

Den Stofffluß nach der Verformung in einem Rautekaliber ($b/h = 1,4$) zeigt Abb. 12. Entsprechend der gewählten Auftragung ergibt sich aus der negativen Steigung der Kurvenzüge, daß alle Abstände der Meßpunkte in Querrichtung verkürzt werden. Das bedeutet, daß das Material an der Oberfläche im Stich Quadrat-Raute in Breitenrichtung über den ganzen Umfang aufgestaucht wird. Dabei ist bemerkenswert, daß diese Materialzusammenschiebung am Kaliberscheitel größer ist als an der Kaliberöffnung. Im Vergleich zu dieser Materialbewegung zeigen in Ovalkalibern gewalzte Quadrate auf den gedrückten Flächen ein völlig anderes Verhalten (Abb. 13). Dabei ist zu berücksichtigen, daß im Gegensatz zu Rautestichen, bei denen die quadratischen Einlaufquerschnitte mit einer Diagonalen senkrecht in die Rautekaliber eingeführt werden, die Quadrate in Ovalkalibern "flach" einlaufen, d. h. eine Mittellinie durch die Seitenmitten verlaufend deckt sich mit der größeren Symmetrielinie der Ovalform. Die gedrückten Quadratseiten erfahren im Ovalkaliber keine Stauchung. Aus der gewählten Auftragung ergibt sich für ein Ovalkaliber mit einem b/h-Verhältnis von 1,2, daß der Mittelteil der Quadratseite praktisch keinerlei Veränderung der Oberfläche in Breitenrichtung erfährt.

Die Oberflächenteilchen in Kantennähe entfernen sich voneinander, wie man aus der positiven Steigung der Kurven im linken Teil des Bildes sehen kann; das bedeutet, die Oberfläche wird an dieser Stelle vergrößert. Als Parameter ist in diese Untersuchung der Kaliberfüllungsgrad $\delta = F/F_{Kal}$ einbezogen worden. Der Füllungsgrad ist abhängig von dem Anstichquerschnitt und der Werkstoffqualität sowie von der Kalibergeometrie der Walztemperatur, der Walzgeschwindigkeit und von den Reibverhältnissen zwischen Umformwerkzeug und Walzgut. Im Idealfall werden Kaliber vom Walzgut vollständig gefüllt. Um jedoch auf jeden Fall Überfüllungen zu vermeiden, werden in der Praxis Füllungsgrade bis zu ca. 95 % verwirklicht. Unter sonst gleichen Walzbedingungen kann der Füllungsgrad durch die Größe des Anstichquerschnittes reguliert werden. Da betrieblich der Kaliberfüllungsgrad variabel ist, wird zunächst gezeigt, welchen Einfluß derselbe auf die örtlichen Stoffverschiebungen beim Walzen in den bereits angesprochenen Kalibern hat. Bei der Stichfolge Quadrat-Raute (Abb. 12) ist der Füllungsgrad in einem Bereich von 0,85 bis 1,04 variiert worden. Dabei zeigt sich, daß beim Walzen von Proben mit unterschiedlichem Querschnitt im gleichen Kaliber die Aufstauchungen an der Oberfläche in Breitenrichtung mit zunehmendem Füllungsgrad größer werden, und zwar tendenzmäßig gleichartig mit der dabei beobachteten zunehmenden Streckung (λ). Dieses Meßergebnis ist durchaus erklärbar. Bei wachsendem Füllungsgrad wird die Berührungsfläche bzw. in Breitenrichtung gesehen die Berührungslinie zwischen Walze und Walzgut größer. Der Fließwiderstand in Breitenrichtung nimmt zu und bewirkt diese größere Aufstauchung der Oberfläche.

Für die Stichfolge Quadrat-Oval ergibt sich bei Variation des Füllungsgrades die in Abb. 13 dargestellten Oberflächenbewegungen in Breitenrichtung. Je geringer der Füllungsgrad λ , desto mehr breitet die Oberfläche in den kantennahen Bereichen. Mit der gleichen Begründung wie beim Walzen in Rautekalibern wird die Breitung der Oberfläche um so mehr behindert, je größer die Breite des einlaufenden Querschnittes und die Neigung der seitlichen Kaliberflanken des Ovalkalibers ist. Die optimale Streckwirkung erzielt man in einem Kaliber stets mit einem Füllungsgrad δ = 1. Das Abmessungsverhältnis b/h der Kaliber ist bei ein und derselben Kaliberform entscheidend für die Streckwirkung des Kalibers. Wie aus Abb. 3 hervorgeht, wird mit zunehmendem b/h-Verhältnis der Kaliber der Streckgrad größer. Der Stofffluß an der Oberfläche in Breitenrichtung beim Walzen in Rautekalibern wird, da die drei Hauptformänderungen miteinander in Funktion stehen, verändert. Je größer das b/h-Verhältnis des Kalibers ist, desto stärker wird die Oberfläche aufgestaucht. Um den Einfluß des b/h-Verhältnisses auf den Stofffluß in Breitenrichtung zu verdeutlichen, sind in Abb. 14 die Steigungen der Kurvenzüge für die Oberfläche am Kaliberscheitel für verschiedene Rautenkaliber (b/h = 1,4; 1,7; 2,1) zusammengestellt worden. Je steiler die Kurvenenden im negativen Bereich verlaufen, umso größer ist die Aufstauchung im Kalibergrund.

Abweichend zu der Abb. 13 ist der Stofffluß in Breitenrichtung für Ovalkaliber mit b/h-Verhältnissen von 1,2; 1,4; 1,7; 2,1 und 3,5 in Form eines Teilbreitgrades β_t in Abhängigkeit von den Meßreihen dargestellt (Abb. 15). Hierbei sind neben den "gedrückten" Quadratseiten auch die jeweils anfänglich freibreitenden Seiten berücksichtigt. Die diese beiden Seiten abgrenzenden Quadratkanten des einlaufenden Quadrates befinden sich für Kaliber II bis IV zwischen den Meßreihen 4 und 5 und bei Kaliber V und VI zwischen den Meßreihen 5 und 6 (Abb. 15). Im Gegensatz zu der Darstellungsweise in Abb. 13, durch die die allgemeine Tendenz des Materialflusses über den gedrückten Seiten verdeutlicht wird, hat diese Auftragungsweise den Vorteil, daß der Verlauf des Stoffflusses feinfühliger wiedergegeben wird. Das obere Teilbild (Abb. 15) enthält die Abstandsänderungen der Meßpunkte nach der Verformung wie sie tatsächlich auf den dreidimensional gekrümmten Rasterlinien gemessen worden sind, während das untere Teilbild die Teilchenverschiebung in Breitenrichtung bezogen auf das dreidimensionale Koordinatennetz quer zur Walzrichtung wiedergibt. Über den Umfang gesehen, breitet die zunächst gedrückte Quadratseite, wobei ein Breitungsmaximum, wie schon aus Abb. 13 ersichtlich, in Nähe der Quadratkanten festgestellt wird. Die Oberfläche der freibreitenden Seitenflächen der Quadrate wird gestaucht. Die unterschiedliche Länge der Kurvenzüge ergibt sich aus der Abszissenauftragung über den Meßreihen; die Anstichquadrate nehmen von Kaliber II bis Kaliber VI zu; daher ist auf den jeweils in gleichem Abstand gerasterten Oberflächen der größeren Quadrate die Anzahl der Linien größer, wodurch längere Kurvenzüge zustande kommen. Die Größe der Aufstauchung der freibreitenden Oberflächen nimmt von der Kante zur horizontalen Symmetrielinie (Kaliberöffnung) für die Kaliber II und III zu. In Kaliber IV, V und VI gewalzte Stäbe werden im Bereich der Kaliberöffnung weniger stark aufgestaucht (Abb. 15a). Diese Beobachtung muß auf die Zuordnung des Eintrittsquadrates zu der Kalibergeometrie zurückgeführt werden. Kaliber mit einem kleinen b/h-Verhältnis (im Extremfall ein Rundkaliber) lassen dem Walzstab bis zur Füllung nur einen geringen Breitungsspielraum. Während des Walzens wird in erster Linie die Höhe des Quadrates verringert, d. h. die seitlichen Oberflächen der Quadrate werden in erster Linie gestaucht. Kaliber mit großen b/h-Verhältnissen, beispielsweise Kaliber V, (b/h = 2,1) und VI (b/h = 3,5) gestatten eine größere Materialbewegung in Breitenrichtung; das Material wird vom Kern aus in den seitlichen freien Kaliberraum hineingezwungen. Nachdem zu Beginn des Walzvorganges die seitlichen Quadratflächen ausschließlich gestaucht worden sind, legen sie sich, je weiter das Walzgut in die Walzen eingezogen wird, mehr und mehr an den Kaliberwänden an. Dadurch wird der Werkstoff gehindert in Querrichtung zu gleiten, da die Reibung zwischen Werkstoff und Walze größer wird. In der letzten Phase der Verformung wird der Werkstoff aus dem Kern freibreitend in Richtung der Kaliberöffnung verdrängt, was zur Folge hat, daß in diesen seitlichen Randgebieten ein Teil der Oberflächenaufstauchung wieder rückgängig gemacht wird.

Eine klare Abhängigkeit vom Abmessungsverhältnis der Ovalkaliber läßt sich nicht ableiten. Der unterschiedliche Kurvenverlauf der beiden Diagrammdarstellungen (Abb. 15), ist bedingt durch die Linienverkrümmung der vor der Verformung senkrecht zur Walzrichtung befindlichen Breitenraster. Setzt man voraus, daß die vier Quadratkanten, die beim Eintritt des Walzgutes in den Walzspalt zuerst mit den Walzen in Berührung kommen, an diesen Stellen fixiert bleiben, legen sich die parallel zum Walzspalt befindlichen geraden Quadratseiten bogenförmig im Kalibergrund an. Mit zunehmendem b/h-Verhältnis der Ovalkaliber wird der Krümmungsradius der Ovalkaliber größer, d. h. der zu der Sehne mit der Länge der eingeführten Quadratseite gehörige Bogen wird mit zunehmendem b/h-Verhältnis relativ kürzer. Aus dieser Überlegung heraus muß die örtliche Breitung der Probenoberfläche im Kalibergrund (siehe Abb. 15, linke Kurvenäste) vom größten zum kleinsten Abmessungsverhältnis der Kaliber zunehmen. Mit Ausnahme von Kaliber II stimmt diese Überlegung mit den Versuchsergebnissen (unterer Diagrammteil Abb. 15) überein, was darauf hinweist, daß die Voraussetzung in erster Näherung gültig ist.

Es bleibt nachzuprüfen, in welcher Größenordnung eine Gleitung der Quadratkanten stattfinden kann. Hierzu ist die Längendifferenz zwischen Bogen und Sehne unter der oben genannten Voraussetzung berechnet worden ($\overset{\frown}{a}$ [mm]) und kann mit dem aus der Messung ermittelten Wert a_{gem} verglichen werden (Abb. 16). Aus der bezogenen Längendifferenz- $(\overset{\frown}{a} - a_{gem})/\overset{\frown}{a} = f(r_{Kal})$- geht hervor, daß die Quadratkanten stets zur senkrechten Symmetrielinie gleiten; allerdings sind die Gleitungsbeträge verschieden groß. Die größte Gleitung der Quadratkanten zum Kalibergrund wird für Kaliber VI (b/h=3,5) und II (b/h=1,2) beobachtet. Bei Kaliber IV (b/h = 1,7) wird praktisch keine Quergleitung festgestellt, d. h. für diesen Walzvorgang trifft die bei der Rechnung angenommene Voraussetzung zu. Da die Quadratkanten der Kaliber III und IV (Abb. 15 unterer Bildteil) im Gegensatz zu Kaliber II (b/h = 1,2) weniger zum Kalibergrund gleiten, ist erklärlich, daß die örtliche Teilbreitung der Kaliber III und IV größer ist als im Kaliber II. Theoretisch müßte die Teilbreitung der parallel zum Walzspalt angeordneten Quadratseiten von Kaliber II bis Kaliber VI abnehmen. Entscheidend ist dafür selbstverständlich die durch die Kaliberform gegebene Richtung der Normaldruckkraft auf das Walzgut beim Eintritt in das jeweilige Kaliber und andererseits die Verkrümmung der quer verlaufenden Stoffflußlinien in Längsrichtung; diese zusätzliche Verschiebung der Materialteilchen in Längsrichtung überlagert der Stoffbewegung in Breitenrichtung eine zusätzliche "Streckung". Daher sind die Kurven der Teilbreitungen im oberen Teil der Abb. 15 zu höheren Breitungen (β_t) gegenüber dem unteren Teilbild verschoben und die Materialaufschiebungen entsprechend kleiner.

4.2 Stofffluß im Innern des Walzgutes

In der Hauptsache werden als Streckkaliber die Stichfolgen Quadrat-Raute-Quadrat sowie Quadrat-Oval-Quadrat betrieblich angewendet. Daneben ist in letzterer Zeit der Kaliberreihe Quadrat-Sechskant-Quadrat Beachtung geschenkt worden (64). Als Fertigkaliber werden Quadrat- aber auch Rundquerschnitte hergestellt. Rundstahl wird zumeist aus einem Schlichtoval gewalzt. Das Rundkaliber wird als Ergänzung der Quadrat-Ovalreihe in diese Untersuchung miteinbezogen.

Die einzelnen Versuchsergebnisse sind in Kapitel 4.2.1 bis 4.2.7 dargelegt.

Die Verteilung der örtlichen Formänderungen im Innern des Walzgutes wird an geschichteten Probenkörpern beobachtet. Zunächst muß der Nachweis erbracht werden, daß sich diese Schichtproben während der Verformung wie Vollkörper verhalten.

Für eine solche Überprüfung konnten verschiedene Wege beschritten werden.

1. Es wurden Schicht- und Vollproben gleicher Ausgangsabmessungen hergestellt. Diese beiden Probenarten wurden unter gleichen äußeren Bedingungen gewalzt. Nach der Verformung wurden die Außenabmessungen der Schicht- und Vollkörper ermittelt. Die Meßergebnisse stimmten im Bereich der Meßgenauigkeit ($\pm$ 0,05 mm) stets überein.

2. Der Umfang der geschichteten Versuchskörper war gerastert. Nach dem Walzen waren die auf unterschiedlichen Lamellen befindlichen Linienteile nicht gegenseitig in Treppenform versetzt, wie es der Fall sein müßte, wenn die einzelnen Schichten aufeinander abgeglitten wären und sich in Längsrichtung gegenseitig verschoben hätten.

3. Wie bereits in Kapitel 3.3 dargelegt sind die einzelnen ebenen Schichten vor der Verformung einseitig gerastert. Diese vertieften Rasterlinien wurden während des Verformungsvorganges auf die ursprünglich ungerasterten Lamellenflächen der benachbarten Schichten spiegelbildlich und erhaben abgeformt.

In Abb. 17 ist die Trennfuge zwischen zwei verformten Schichten im Querschliff wiedergegeben. Die untere Lamelle war vor der Verformung mit vertieften Rasterlinien versehen; die angrenzende obere Lamellenfläche war eben. Während des Walzens fließen die Materialteilchen der ungerasterten Lamellen in die durch das Raster entstandenen winzigen Hohlräume (obere Lamelle). Dadurch entsteht auf der angrenzenden Lamelle das erhabene Rasternetz. Sofern innerhalb der Umformzone eine Gleitung zwischen den einzelnen Schichten auftritt, sind die erhabenen Abdrücke nicht scharf zu erkennen oder verschieben sich gegenseitig.

Als Beispiel für ein doppelt gewalztes Quadrat bei Vorversuchen ist das Aussehen eines erhabenen Rasters in Abb. 18 gezeigt. Im linken Teil des Bildes sind die einzelnen Linien des Ursprungsrasters doppelt abgedrückt. Das ist dadurch zustande gekommen, daß sich die einzelnen Schichten aufgrund mangelnder Verschweißung während der Verformung voneinander abhoben. Die Probenpräparierung, die für die im folgenden beschriebenen Hauptversuche gewählt wurde (Kapitel 3.3), ist so ausgelegt, daß die Rasterabdrücke auf den ursprünglich ungerasterten Ebenen scharf und formtreu waren.

Damit kann davon ausgegangen werden, daß sich die hier verwendeten Schichtproben wie Vollkörper verhalten.

Nach der Verformung waren alle Rasterlinien in Walzrichtung gerade und alle Querlinien räumlich gekrümmt.

Ein wesentliches Ergebnis ist, daß die örtlichen Längsformänderungen innerhalb der einzelnen Walzproben, über den Querschnitt verteilt, im Bereich der Meßgenauigkeit gleich groß sind (Tab. 2 - s. S. 43). Der jeweils absolute Wert der Streckung der einzelnen Kaliber war in Abhängigkeit von der Umformgeometrie unterschiedlich groß.

Wenn die Streckung im gesamten Querschnitt eines Walzstabes einen bestimmten Wert hat, kann nach dem Gesetz der Volumenkonstanz der örtliche Formänderungszustand entweder durch die örtliche Höhen- oder Breitenveränderung gekennzeichnet werden. Da die Krümmung der einzelnen Lamellen auf der Ober- und Unterseite verschieden ist, haben die Schichten über die Breite eine unterschiedliche Dicke. Außerdem sind zugehörige Raster von Ober- und Unterseite der Lamellen gegeneinander verschoben. Daher bereitet die Festlegung eines dem Rasternetz zuzuordnenden Meßortes Schwierigkeiten, wodurch die für die Bestimmung der örtlichen Höhenabnahme notwendige Genauigkeit der Dickenmessung beeinträchtigt wird. Eine Bestimmung der örtlichen Formänderung in Breitenrichtung durch Messung von Rasterabständen vor und nach der Verformung ist deshalb zweckmäßig.

4.2.1 Stichfolge Quadrat-Raute

Quadratische Anstichquerschnitte werden mit einer Diagonalen parallel zur Walzlinie in den Walzspalt eingeführt. In Abb. 19 ist für den verwendeten Probenaufbau die Bezeichnung der einzelnen Lamellen dargestellt, wobei die Lamellendicke jeweils 5 mm beträgt. Die Trennflächen zwischen den einzelnen Lamellen sind jeweils mit einem rechtwinkligen Koordinatennetz mit einem Linienabstand von 4 mm versehen, welches durch die Raster-Nummer in Breitenrichtung auf der Abszisse wiedergegeben wird. Die in Funktion der Raster aufgetragenen Teilbreitgrade β_t ergeben über den gesamten Probenquerschnitt in Breitenrichtung Teilstreckenlängungen

Tab. 2: Länge der Teilstrecken [mm] in Walzrichtung nach der Verformung in einem Ovalkaliber mit dem Achsenverhältnis b/h = 1,2

Lamelle Nr.	Bezeichnung des Längsrasters								
	1	2	3	4	5	6	7	8	9
1	nicht meßbar								
2	-	5,035	5,031	5,044	5,052	5,058	5,060	5,087	-
3	-	4,998	4,998	4,998	4,998	4,998	4,998	5,010	-
4	-	4,987	4,987	4,983	4,983	4,983	4,985	5,002	-
5	-	4,987	4,979	4,979	4,979	4,979	4,985	4,985	-
6	-	5,004	4,989	4,989	4,989	4,989	4,989	4,989	-
7	-	4,992	4,992	4,992	4,992	4,992	4,992	4,992	-
8	-	4,992	4,992	4,992	4,992	4,992	4,992	4,992	-
9	-	4,998	4,998	4,991	4,988	4,979	4,969	4,991	-
10	-	-	-	-	-	-	-	-	-

Abstand des Ausgangsrasters: 4 mm

(Abb. 19 + 21), wenn Quadratstäbe in Rautekalibern gewalzt werden. Die maximale Breitung wird bei dieser Stichfolge in der mittleren senkrechten Symmetrielinie festgestellt. Alle Versuchsergebnisse zeigen, daß die Teilchenbewegung koordinierter Punkte im Hinblick auf den Flächenschwerpunkt symmetrisch ist, sofern die Proben exakt während des Walzvorganges geführt werden. Von der vertikalen Symmetrielinie aus werden die Teilstreckenlängungen in Breitenrichtung auf zugehörigen Lamellen zum Rand einer jeden Lamelle, d.h. in Richtung der angrenzenden Probenkanten (zur Kaliberöffnung) geringer. Tendenzmäßig wird dieser Verlauf der örtlichen Formänderung über die Breite dieser Stichfolge von den aufgrund einer theoretischen Überlegung aufgestellten Teillängenschaubilder von Tafel (14) vorausgesagt, die dem realen Walzvorgang nur bedingt Rechnung tragen, insbesondere in Bezug auf eine detaillierte Vorstellung der Vorgänge zwischen Rand und Walzgutkern. Von der Walzlinie zum Kalibergrund gesehen nimmt die Teilstreckenvergrößerung von Lamelle zu Lamelle ab. Nach Abb. 19 läßt sich aufgrund dieser Untersuchung an Hand des Rasters der Lamelle 3.2 bzw. 3.9, das gleiche gilt für Lamelle 4.2 und 4.9 in Abb. 20, keinerlei Abstandsänderung der Meßpunkte in Breitenrichtung in einem Abstand zwischen 5 bis 10 mm vom Kaliberscheitel feststellen. Die schmalen dachförmigen Decklamellen 3.1 und 3.11 waren nicht auswertbar, da die rasterfähige Trennfläche zu schmal ist, um im zuvor angegebenen Netzabstand zwei Markierungen anbringen zu können. Andererseits sollte man es bei ähnlich ausgelegten Versuchen vermeiden, den Querschnitt dieser "Deck"-Lamellen zu klein zu wählen. Diese können dann bedingt durch Längszugspannungen und eine natürlicherweise auftretende größere Wärmeabfuhr an diesen Probeteilen Einschnürerscheinungen bzw. Trennungsbrüche zeigen, die das Gesamtergebnis des Stoffflusses einer Probe verfälschen können.

In diesem Fall ist es günstiger, auf eine oberflächennahe Messung im Kalibergrund zu verzichten und die im Kalibergrund befindliche Lamelle doppelt so dick wie alle anderen auszuführen. Qualitativ läßt sich der Stofffluß innerhalb einer solchen Schicht aus der Stoffbewegung an der Oberfläche abschätzen. An der Oberfläche nehmen die Materialaufschiebungen von der Kaliberöffnung zum Kaliberscheitel in Breitenrichtung zu (Abb. 12). Die Schlußfolgerung, daß sehr nahe unter der Oberfläche am Kaliberscheitel gelegene Materialteilchen in Breitenrichtung gestaucht werden, ist zulässig. Gegen diese Überlegung spricht auch die Tatsache nicht, daß die bei dieser Stichfolge im Innern gemessenen Materialbewegungen zumeist Teilstreckenvergrößerungen bzw. ein Gleichbleiben der Meßpunktabstände zeigen. Verfolgt man die Teillängenveränderung in Breitenrichtung, soweit dies meßtechnisch möglich ist, vom Flächenschwerpunkt aus bis zum Kaliberscheitel, so kann man feststellen, daß die "Teilbreitung" bis auf Null abnimmt. Im Hinblick auf die ebenfalls gemessenen Stauchungen an diesem Punkt der Oberfläche steht dem Gedanken nichts im Wege, daß unmittelbar unter der Oberfläche Materialaufschiebungen stattfinden.

Die für Materialaufschiebungen in Frage kommende Zone ist im Verhältnis zur gesamten Querschnittsfläche verhältnismäßig klein. Abzuschätzen ist dies auch aus der in Abb. 19 enthaltenen Skizze an Hand der jeweiligen Lamellenbreite, desgleichen aus der Anzahl der Meßpunkte je Probenschicht.

Die verfahrensbedingte Meßgenauigkeit beträgt 0,1 mm, das hat einen Streubereich von 0,025 Einheiten in der Auftragungsweise des Teilbreitgrades β_t zur Folge. Die gegebene Abweichung verringert sich, wenn jeder Meßpunkt bereits einen Mittelwert von ca. 10 Einzelergebnissen wiedergibt.

Außer durch die Rautenform der Kaliber ist der Stofffluß beim Walzen in ganz entscheidendem Maße von dem Verhältnis der Hauptachsen b/h abhängig. Dieser Beobachtung ist im allgemeinen bei Untersuchungen des Stoffflusses so gut wie keine Beachtung geschenkt worden, obschon der Walzwerker und Kalibreur weiß und damit arbeitet, daß mit Hilfe des b/h-Verhältnisses der erreichbare Formänderungszustand beeinflußt werden kann. Das Verhältnis b/h der Rautenkaliber ist vom Wert 1,4 ; 1,7 bis auf 2,1 gestuft.

Der Stoffflußverlauf in Breitenrichtung kann in Abhängigkeit vom Achsenverhältnis der Kaliber den Darstellungen (Abb. 19 + 21) entnommen werden. Ein Vergleich dieser Versuchsergebnisse miteinander zeigt, daß die Teilbreitung über den gesamten Querschnitt mit zunehmendem Kaliberabmessungsverhältnis b/h größer wird, wobei das Breitungsmaximum stets auf der senkrechten Symmetrielinie beobachtet wird und vom Achsenschnittpunkt zum Kalibergrund die Teilbreitungen der einzelnen Probenschichten größer werden. Bemerkenswert ist, daß die Teilbreitungsdifferenz zwischen dem Maximalwert und dem niedrigsten meßbaren Wert größer wird, je größer das Achsenverhältnis b/h wird, und zwar jeweils innerhalb einer Lamelle als auch im Bereich zugehöriger Rasterpunkte über der Walzguthöhe. Bei Beachtung der geometrischen Zuordnung von Anfangs- und Endquerschnitt, wird mit wachsendem Achsenverhältnis der Rauten die Höhenabnahme Δh in radialer Richtung der Walzen gesehen größer, somit auch Δb und β_t, da als Ausdruck das Gesetz der Volumenkonstanz $\Delta b = c \cdot \Delta h$ ist. Diese direkte Proportionalität gilt für die Teilbreitungen über den Querschnitt eines bestimmten Kalibers, wenn Δl gesamt konstant ist, wie bereits aus dem Versuch gezeigt werden konnte (Tab. 2). Der Faktor c ist allerdings variabel.

Die Versuchsergebnisse zeigen übereinstimmend, daß die Breitung vom Probenrand zur -mitte wächst, d.h., für die gewählten Versuchsbedingungen ist das Walzgut aus dem Kern heraus verformt worden; eine Durchformung ist damit gegeben, und zwar um so mehr, je härter die Walzbedingungen gewählt werden. Diese Beobachtung steht teilweise im Zusammenhang mit den Abkühlungsverhältnissen, die durch die Kontaktzeit sowie den Temperaturunterschied zwischen Walze und Walzgut bedingt werden. Allerdings wird, sofern die Walzgeschwindigkeit erhöht und das Temperaturgefälle von Werkzeug und Umformgut erniedrigt werden, die Tendenz der Versuchsergebnisse, die sich aus der Geometrie des Walzvorganges ergeben, erhalten bleiben. Lediglich die Differenz zwischen der Größe der Stoffbewegung von Rand und Kern kann verringert werden.

4.2.2 Stichfolge Raute-Quadrat

Die Stiche Quadrat-Raute bilden in Verbindung mit den Rückstichen Raute-Quadrat die Streckkaliberreihe Quadrat-Raute-Quadrat. Die Größe der Formänderungen, die in ähnlich ausgelegten Quadratkalibern stattfinden, sind abhängig von dem Achsenverhältnis (b/h) der eingeführten rauteförmigen Eintrittsquerschnitte.

Die Abb. 22 bis 25 geben die örtlichen Formänderungen in Breitenrichtung für Eintrittsquerschnitte von Rauten mit Achsenverhältnissen von b/h = 1,2; 1,4; 1,7 und 2,1. Prinzipiell ergibt sich ein gleichartiges Verhalten der Teilbreitungen wie im Falle der Stiche Quadrat-Raute. Im Unterschied zu den letztgenannten sind die jeweils vergleichbaren Größenordnungen der Teilbreitgrade β_t im Stich Raute-Quadrat kleiner. In vertikaler Mitte werden die in Breitenrichtung gesehen größten Teilbreitgrade beobachtet. Über den Höhenbereich nimmt die Breitung in Analogie zur Stichfolge Quadrat-Raute vom Rand zur Mitte zu. Mit wachsendem Achsenverhältnis ergeben sich größere Teilformänderungen.

4.2.3 Stichfolge Quadrat-Oval

Abweichend von den Stichfolgen Quadrat-Raute und Raute-Quadrat werden Ovalkaliber "flach" angestochen, d.h., zwei Quadratkanten verlaufen parallel zur Walzlinie. Diese Zuordnung des einlaufenden Quadrates zum Kaliber wird betrieblich aus Gründen einer guten Führung des Walzstabes im Kaliber angewandt. Ein diagonal im Ovalkaliber angestochenes Quadrat befindet sich während des Walzvorganges in einem labilen Gleichgewicht und schlägt, selbst wenn eng eingestellte Führungen vorhanden sind, um. Dieser Unterschied in der Verfahrensweise bedingt einen anders gearteten Stofffluß in der Stichfolge Quadrat-Oval, wenn man diese Walzfolge mit den vorgenannten vergleicht. Der Stoffflußverlauf in Breitenrichtung ausgewertet zeigt, entsprechend Abb. 26 und 30, in allen Schichten ein Minimum auf der senkrechten Symmetrielinie, also in einem Querschnittsteil, in dem Quadrat-Rautestiche die größte Teilbreitung ergeben haben. Die seitlichen, zunächst freibreitenden Quadratseiten erfahren auf den ausgemessenen Rasternetzen stets eine Teillängenzunahme. Die Größe der örtlichen Breitenzunahme ist abhängig von der Lage des Querschnittsteilchens in Höhenrichtung als auch vom Achsenverhältnis des jeweils verwendeten Ovalkalibers. Sie nimmt von den äußeren zu den mittleren Lamellen und mit wachsendem Verhältnis b/h zu. In Kalibern mit einem b/h-Verhältnis von 1,2 ; 1,4 und 1,7 (Abb. 26 und 28) gewalzte Proben werden in einem Bereich im Innern örtlich in Breitenrichtung aufgestaucht. Von der vertikalen Mittellinie nimmt diese Stauchung zu den seitlichen Rändern ab und geht dort in den bereits angesprochenen Bereich der Teilstreckenlängung über. Je größer das Achsenverhältnis b/h wird, desto kleiner wird das Gebiet der Stauchung in Querrichtung gesehen und desto geringer sind die örtlich zuzuordnenden Beträge der Teilstreckenverkürzung. In Kaliber VI (b/h = 3,5 - Abb. 30) gewalzte Versuchsstäbe haben über den gesamten Querschnitt Teilstreckenlängungen ergeben. Abb. 29 (b/h = 2,1) zeigt im mittleren Probenteil Breitung im Gebiet der horizontalen Symmetrieachse und Stauchungen in den oberflächennahen Schichten.

Der Grund für diesen unterschiedlichen Stofffflußverlauf in Abhängigkeit vom Breite-zu-Höhe-Verhältnis der Kaliber ist in der durch die Kaliberform bedingten Richtung der Krafteinleitung zu suchen. Ein einfaches Schemabild (Abb. 7) soll dies erklären, welches eine Zerlegung der angreifenden Kräfte für den Moment des ersten Kontaktes zwischen Walze und Walzgut wiedergibt. Eine bestimmte Walzdruckkraft P_V wird zerlegt in die wirkende Normalkraft und die zugehörige Horizontalkomponente P_H. Durch die Horizontalkraft P_H wird eine Aufstauchung des Werkstoffes im Innern bewirkt. Die Materialaufstauchung ist um so größer, je größer die Kraft P_H ist. Aufgrund des Kräftedreieckes wird mit zunehmendem b/h-Verhältnis die Horizontalkraft kleiner - abhängig davon auch die Größe der Materialaufschiebung in Breitenrichtung - wie es die Versuchsergebnisse tatsächlich ergeben (Abb. 26 bis 30). Neben dieser Überlegung muß der Tatsache Aufmerksamkeit geschenkt werden, daß die freie Fläche zwischen Kalibergrund und "gedrückter" Quadratseite relativ größer ist, je kleiner das b/h-Verhältnis ist. Die in den Kalibern b/h = 1,2; 1,4 und 2,1 festgestellte Erscheinung, daß die oberflächlichen Berührungspunkte der Quadratkante mit dem Kaliber während der Verformung zum Kalibergrund gleiten, verursacht, daß die oberflächennahe Teilchenbewegung in Breitenrichtung nicht dem gleichen Schema folgt wie in der Nähe der freibreitenden Quadratseiten. Würde die gleiche Rangfolge beibehalten, so müßten von der mittleren zur Decklamelle entweder die Beträge der Stauchung größer oder die Breitung kleiner werden. Das ist entsprechend den Beobachtungen nicht der Fall; einfach erkennbar aus der Überschneidung der Kurvenzüge von benachbarten Lamellen. Vergleicht man die Meßergebnisse des Stoffflusses im Innern mit den entsprechenden an der Oberfläche ermittelten (Abb. 15), so ist zu bemerken, daß für alle untersuchten Kaliber die Oberfläche der gedrückten Flächen breitet, während in Querschnittsmitte der Proben (Abb. 26 und 28 - b/h = 1,2 bis 1,7) Werkstoffzusammenschiebungen in Breitenrichtung beobachtet werden. Um diese gegenläufigen Tendenzen verstehen zu können, ist es notwendig, die Zuordnung von Eintritts- und Endquerschnitt in Betracht zu ziehen. Je kleiner das Breite-Höhe-Verhältnis der Kaliber, desto größer ist die Umwölbung der zu den Walzachsen parallelen Quadratkanten. Wird dieser Vorgang annäherungsweise als reine Biegeverformung z. B. der Decklamellen angesehen, so werden die Außenfasern der Lamelle gestreckt und die Innenfasern gestaucht. Dadurch läßt sich diese zunächst nicht zu vereinbarende Beobachtung erklären. Je größer der Bolzenradius eines Kalibers wird, desto geringer ist der Biegeanteil an der Verformung. Das bewirkt einerseits an der Oberfläche kleinere Teilbreitungen und im Innern in oberflächennahen Schichten kleinere Stauchungen bzw. zunehmende Teilbreitungen.

Walzproben, die im Innern des Querschnittes Materialzusammenschiebungen und zu den seitlichen freibreitenden Oberflächen Teilstreckenverlängerungen in Breitenrichtung erfahren, haben im Querschnittsinnern einzelne Materialteilchen, die keinerlei Breitenveränderung aufweisen (β_t = 1,0). In diesen Punkten fließt der gesamte Werkstoff aus der Höhenverminderung in die Länge ab.

Abweichend von dem festgestellten Stofffluß in Breitenrichtung wird für das Ovalkaliber mit einem b/h-Verhältnis von 3,5 festgestellt, daß die mittleren Lamellen in unmittelbarer Nähe der Kaliberöffnung ein Breitungsmaximum aufweisen. Da der Werkstoff "aus dem Kern" heraus verformt wird, werden diese seitlichen Randgebiete lediglich bis zum Anlegen an die Kaliberwand gebreitet, ohne daß eine wesentliche Höhenabnahme durch direkte Einwirkung der Walzkraft vorliegt. Die größte Teilbreitung tritt in einem Bereich unterhalb der Verbindungslinie derjenigen Punkte auf, die zuerst vom Kaliber erfaßt werden. Da im allgemeinen die mittleren horizontalen Schichten am stärksten breiten, werden die Randteile während des Verformungsvorganges aus dem Bereich der größten Höhenabnahmen herausgedrängt. Es kann nicht entschieden werden, ob eine ähnliche Erscheinung im Randgebiet in einem Abstand kleiner als 4 mm von der Oberfläche auch bei anderen Kalibern auftritt, da der Abstand der aufgebrachten Rasterlinien 4 mm beträgt und somit Vorgänge, die in kleineren Bereichen ablaufen, nicht erfaßt werden können. Aus den allgemeinen Erkenntnissen des Stoffflusses ist dies jedoch nicht zu erwarten.

4.2.4 Stichfolge Oval-Quadrat

Die Streckkaliberreihe Quadrat-Oval setzt sich aus der Stichfolge Quadrat-Oval und den entsprechenden "Rückstichen" Oval-Quadrat zusammen. Die Abmessungen der zweckentsprechenden Quadratkaliber richten sich nach der Größe und dem Achsenverhältnis der einlaufenden Ovalstäbe, wobei der Füllungsgrad der Quadratkaliber bei der vorliegenden Untersuchung 100 % beträgt. Die Beobachtung des Stoffflußverlaufes in Breitenrichtung für die Stichfolge Oval-Quadrat ist in den Abb. 31 bis 34 festgehalten. Die Stichfolgen Quadrat-Raute und Quadrat-Oval zeigen einen der Kaliberform entsprechenden typischen Verlauf der Teilstreckenveränderungen vom seitlichen Probenrand bis zur Mitte. Eine Veränderung des Achsenverhältnisses der Kaliber verursacht bei gleichbleibender Tendenz eine örtlich größere oder kleinere Teilstreckenveränderung in Breitenrichtung. So zeigt der Kurvenverlauf der Teilbreitgrade β_t über der Probenbreite der Stichfolge Quadrat-Raute in der vertikalen Probenmitte für alle b/h-Verhältnisse stets ein Maximum und derjenige der Stichfolge Quadrat-Oval stets ein Minimum. Die Verteilung der Teilbreitungen der Stichfolge Oval-Quadrat ist je nach Abmessungsverhältnis der einlaufenden Ovalstäbe grundverschieden. Vergleicht man die Teilstreckenveränderungen über der Kaliberbreite eines zum Quadrat umgeformten Ovales mit einem b/h-Verhältnis von 1,4 (Abb. 31) mit der Verteilung eines eingesteckten Ovales, dessen Achsenverhältnis 3,5 (Abb. 34) ist, so zeigen die Kurvenverläufe eine umgekehrte Tendenz.

Unter den erstgenannten Versuchsbedingungen (Abb. 31) ergibt sich ein Stoffflußverlauf, der dem der Stichfolge Quadrat-Oval ähnelt; desgleichen wenn Ovalstäbe mit einem b/h-Verhältnis von 1,7 in Quadratkalibern gewalzt werden. Von den seitlichen freibreitenden Begrenzungen der Proben zur vertikalen Mitte nehmen die Teilbreitungen ab und gehen in den äußeren Lamellen zu Teillängenverkürzungen über. Bei der Verformung eines schlanken Ovals (b/h = 3,5) treten ausschließlich Teilstreckenverlängerungen in Breitenrichtung auf (Abb. 34). Von der Kaliberöffnung zur Mitte nehmen die Beträge der Breitung zu und von der horizontalen Symmetrielinie in Richtung Kalibergrund gesehen ab. Schematisch entspricht diese Stoffflußverteilung über dem Probenquerschnitt derjenigen wie sie nach der Verformung von quadratischen Ausgangsquerschnitten in Rautekalibern ermittelt worden ist.

Während die Teilbreitgrade nahe des seitlichen Probenrandes gedrungener Ovalproben größer sind als in Probenmitte (Abb. 31; 32), sind sie im Fall eines schlanken Ovals (b/h = 3,5) in der Probenmitte am größten (Abb. 34). Einen Übergang dieser gegenläufigen Tendenz findet man bei der Verformung eines Ovals, dessen Achsenverhältnis b/h = 2,1 ist (Abb. 33). Jeweils zugehörige Lamellen haben über die Walzgutbreite gleichbleibende örtliche Teilstreckenlängungen in Breitenrichtung ergeben, wobei die Breitung der mittleren Lamellen größer ist, als die der oberflächennahen Lamellen. Die gleichen Meßergebnisse wie in Abb. 31 und 34 sind in Abb. 35 in einer anderen Darstellungsweise aufgetragen worden. Sie zeigen die Teilstreckenveränderungen in Breitenrichtung über die Probenhöhe, um die Vorstellung vom Stoffflußverlauf zu vervollständigen. Die Meßergebnisse zwischen jeweils zugehörigen Rasterlinien der einzelnen Lamellen (Probenhöhe) sind durch Kurvenzüge verbunden. Der Aussagewert dieser Darstellung ist grundsätzlich der gleiche wie der der zuvor besprochenen Diagramme.

Die Feststellung, daß durch die Größe des Achsenverhältnisses der in Quadratkaliber eingesteckten Ovale der Stoffflußverlauf variiert, dürfte für die Auslegung einer Kaliberreihe von entscheidender Bedeutung sein, worauf noch im Einzelnen eingegangen wird. Zunächst bedarf dieses Versuchsergebnis jedoch einer eingehenden Erklärung, vor allem deshalb, weil eine solche Umkehrung der Stoffflußverteilung für keine andere Stichfolge durch Veränderung der Größe b/h gefunden wurde. Ansatzpunkt soll der bereits angesprochene Hinweis auf die Ähnlichkeit der Verteilung der örtlichen Formänderung mit der Stichfolge Quadrat-Oval sein, sofern in Quadratkalibern Ovale mit einem $b/h < 2,1$ und mit der Stichfolge Quadrat-Raute, wenn das b/h-Verhältnis der einlaufenden Ovale $> 2,1$ ist.

Die unterschiedlich verlaufende Stoffflußverteilung in den Stichfolgen Quadrat-Raute und Quadrat-Oval wird durch die geometrische Zuordnung des quadratischen Ausgangsquerschnittes zur Kalibergeometrie bedingt, die wiederum die Art der Krafteinleitung von Walze in das Umformgut bestimmt. Quadratstäbe werden von Rautekalibern im Augenblick des ersten Greifens an zwei diagonalliegenden Punkten berührt. Die "Höhenabnahmen" sind im gesamten Querschnitt unterhalb dieser Verbindungslinie am größten. Die Quadratkanten legen sich während des Walzvorganges erst allmählich an die Kaliberwände an. In Ovalkaliber eingeführte Quadrate werden jedoch an den vier Quadratkanten gleichzeitig von den Walzen erfaßt. Dadurch wird die größere "Höhenabnahme" und somit die größte Teilbreitung an den seitlichen Kanten verursacht. Überträgt man diese Gedanken auf die Verformung bei der Stichfolge Oval-Quadrat, so müssen ähnliche Greif- bzw. Abnahmebedingungen den unterschiedlichen Stofffluß in Abhängigkeit vom b/h-Verhältnis der Ovalproben bedingen. Eine maßstäbliche Darstellung des Greifvorganges für drei verschiedene Ovalquerschnitte beim Eintritt in Quadratkaliber mögen darüber Aufschluß geben (Abb. 36). Dabei zeigt sich, daß der überlegungsmäßig vermutete Zusammenhang seine Bestätigung in der geometrischen Zuordnung von Ausgangs- zu Endquerschnitt findet. Ein bauchiges Oval wird von quadratischen Kalibern in Vierpunktauflage ergriffen ($b/h_{Oval} = 1,7$). Von diesen Berührungspunkten fließt der Werkstoff je nach zwei Richtungen ab. Es treten je Walze zwei Größtwerte im örtlichen Breitungsverhalten auf (Abb. 31). Wenn das einlaufende Oval schlank ist ($b/h_{Oval} = 3,5$), fließt das Material in einer Richtung zu den Seiten des Quadratkalibers hin ab (Abb. 34). Der Grenzfall wird erreicht, wenn ein Ovalquerschnitt mit einem Abmessungsverhältnis von 2,1 in einem Quadratkaliber verformt wird. Der Werkstoff wird über einen Kontaktbogen von den Walzen erfaßt. Er fließt wie bei schlanken Ovalen in einer Richtung ab. Dieser Zustand kann natürlich auch dann erreicht werden, wenn unterfüllte Ovalstäbe in Quadratkaliber mit einem größer ausgerundeten Kalibergrund einlaufen. Diesen Übergangszustand im Stoffflußverlauf scheinen die Kalibreure rein empirisch als günstig erkannt zu haben, da eine Faustregel besagt, "daß der Abrundungsradius eines einlaufenden Querschnittes mit dem im Kalibergrund möglichst übereinstimmen soll". Das bezieht sich insbesondere auf die Stichfolge Schlichtoval-Rund (95).

In Abb. 37 ist die Teilbreitung randnaher sowie mittiger Querschnittsteile in der Nähe der horizontalen Symmetrielinie in Abhängigkeit der b/h-Verhältnisse der angesprochenen in Quadratkaliber gesteckten Ovalstäbe wiedergegeben. Da in dieser Stichfolge die Werte der Teilbreitungen bei einem Vergleich unterschiedlicher b/h-Verhältnisse der Eintritts-Ovale sich über die Höhe des Querschnittes vergrößern oder verkleinern, ist es möglich, an Hand der herausgegriffenen Querschnittsteile die Veränderung des Stoffflußverlaufs zwischen Proben-Kern und -Rand bei veränderter Ovalgeometrie zu kennzeichnen. Man erkennt, daß mit wachsendem Abmessungsverhältnis eingeführte Ovalstäbe die örtliche Breitung im seitlichen Rand der Probestäbe bei einem Wert $b/h \sim 2,0$ einen Höchstwert erreicht. Die Breitung β_t des Probenkernes nimmt vom Wert $\beta_t = 1,0$ rasch zu. Oberhalb $b/h = 2,1$ breitet die Probenmitte mehr als der Probenrand, wobei der Unterschied zwischen der Breitung dieser beiden Querschnittsbereiche rasch größer wird. Ovalproben, deren Achsenverhältnis kleiner als 2,1 ist, verhalten sich umgekehrt, allerdings ist der Breitungsunterschied wesentlich geringer als im Bereich $b/h > 2,1$. Im Schnittpunkt der beiden Linienzüge ist die Teilbreitung des Randes gleich der der Mitte.

4.2.5 Stichfolge Oval-Fertigrund

Als Vorkaliber für Rundfertigerzeugnisse dienen die sog. Schlichtovale.

Dies sind Ovalkaliber mit einem Breite-Höhe-Verhältnis von ca. 1,4 bis 1,9. Im vorliegenden Falle ist ein Ovalquerschnitt mit einem b/h-Verhältnis von 1,7 in ein Rundkaliber eingeführt und die Verteilung der örtlichen Formänderungen über den Querschnitt dieser Stichfolge ermittelt worden. Betrieblich werden Vorrund-Ovale im oberen Bereich des b/h-Verhältnisses bewußt unterfüllt mit dem Ziel, daß die freibreitende, ausgewölbte Seite eine dem Rund angepaßte Form hat. Dadurch will man u.a. eine bessere Führung im Rundkaliber erreichen. Der Stofffluß in Breitenrichtung ist für die genannte Stichfolge Oval-Rund in Abb. 38 festgehalten. Der Stoffflußverlauf in Breitenrichtung ist vergleichbar mit dem der Stichfolgen Raute-Quadrat, Quadrat-Raute und Oval-Quadrat, sofern das Achsenverhältnis der Ovale größer als 2,1 ist. Über die Probenbreite erfährt der Werkstoff in Breitenrichtung ausschließlich eine Teilstreckenvergrößerung. Im Bereich der senkrechten Symmetrieachse werden die größten Breitungen beobachtet, an den seitlichen Randgebieten die kleinsten. Die einzelnen Meßwerte streuen teilweise erheblich in Bezug auf die Kurvenzüge, welche durch die Mittelwerte koordinierender Querschnittsteile gezeichnet worden sind. Dieses Ergebnis ist höchstwahrscheinlich auf ein Spiel der Walzstäbe in den Führungen zurückzuführen. Grundsätzlich befindet sich ein scharfkantiges Oval, wenn es in Rundkalibern verformt wird, im labilen Gleichgewicht. Die verwendeten Führungselemente ließen sich jedoch nicht enger einstellen, weil die Walzstäbe dann durch geringe Dickenunterschiede der Zunderschicht in den Führungen klemmten. Die Breitung ist innerhalb der Schichten 3 bis 7 beim Vergleich zugehöriger Rasterpunkte ziemlich gleichartig. Dagegen sind die gemessenen Teilstreckenverlängerungen innerhalb der Lamellen 2 und 8 deutlich kleiner. Die zunächst abkaltenden oberflächennahen Randlamellen nehmen in geringem Maße an der Verformung in Breitenrichtung teil. Sie beeinflussen jedoch entscheidend die Größe der Streckung des Gesamtquerschnittes, indem sie den wärmeren Kern durch den Materialzusammenhang daran hindern, verstärkt in die Länge zu fließen, wodurch dieser eine größere Teilstreckenbreitung erfährt. Überlegungsmäßig müssen diejenigen Querschnittsteile in Oberflächennähe, welche bedingt durch die längere Kontaktzeit Walze-Walzgut die größte Temperaturerniedrigung erfahren und unter Längszugspannungen stehen. Diese Vorstellung gilt nicht nur für diese Kaliberfolge sondern allgemein. Vergleicht man den Stoffflußverlauf mit den zuvor angeführten Kaliberfolgen, so ist augenfällig, daß die Größe der Teilbreitungen kleiner ist. Bei dem Stich Oval-Rund handelt es sich um einen Fertigstich; in einem solchen werden stets geringere Abnahmen verwirklicht als in den sogenannten Streckkalibern; schon aus dem Grunde, eine bessere Maßhaltigkeit des Endproduktes zu erzielen. Die über die Höhe der Probe relativ gleichmäßige Teilbreitung und die kleinere Differenz der örtlichen Formänderungen zwischen Rand und Mitte führen dazu, daß der Werkstoff in dieser Stichfolge schonend verformt wird. Die niedrigeren Werte der Formänderungen sind schon dadurch bedingt, daß das Schlichtoval ein kleines b/h-Verhältnis hat. Der Grund hierfür ist darin zu suchen, daß dadurch der Eintrittsquerschnitt in seiner Form dem Fertigrund stärker angeglichen ist.

Auskunft über den Verformungsverlauf in der Umformzone kann man annähernd dadurch erhalten, indem man sogenannte Stecker herstellt. Der Stab wird hierbei abgebremst, die Umformung also unterbrochen.
Abb. 38b gibt den Breitungsverlauf im Endquerschnitt eines Steckers

wieder. Zum Vergleich zeigt Abb. 38a die örtlichen Teilbreitungen eines entsprechenden durchgewalzten Stabes. Man stellt fest, daß der Stecker ein wenig größere Teilbreitungen aufweist. Die Ursache hierfür ist in der Veränderung der Walzbedingungen zu finden. Zunächst ist im Augenblick des Stillstandes der Walzen die Walzgeschwindigkeit gleich Null. Nach allgemeingültigen Erkenntnissen nimmt mit sinkender Walzgeschwindigkeit die Breitung zu. Dem entgegen wirkt sich aus, daß bei Wegfall des Drehmomentes bei gleicher Walzenanstellung der Walzen wie bei durchgewalzten Stäben ein Teil der Walzenauffederung rückgängig gemacht wird. Bereits Muzalevskii (21) hat die Feststellung gemacht, daß bei sonst gleichen Walzbedingungen die Formänderungen zwischen durchgewalzten und abgebremsten Probestäben differieren.

Die Höhenabnahmen nehmen vom Walzspalteintritt bis zum Walzspaltaustritt allmählich entsprechend der Kreisform der Walzen zu. Die örtliche Breitenformänderung des Querschnittes, entnommen im Bereich von $l_d/2$, ist in Abb. 38c wiedergegeben. Abgesehen von kleineren Beträgen sämtlicher Teilbreitungen, die zu erwarten sind, findet man eine Verschiebung der Breitungsverteilung über die Probenhöhe gesehen. Im Endquerschnitt wird die größte Breitung in der mittleren Lamelle (Nr. 15) beobachtet. Die Versuchsergebnisse, aus der Mitte des Walzspaltes entnommen, haben ergeben, daß die horizontale Mitte des Probenquerschnittes eine kleinere Breitung erfahren hat als diejenigen Probenteile, die sich als Lamelle 13 und 14 anschließen (bzw. 16 und 17). Daraus ist zu entnehmen, daß die Verformung an der Oberfläche einsetzt und beim Durchlaufen des Walzgutes durch die Umformzone allmählich bis zum Kern durchgreift. Es geht andererseits ebenfalls aus dieser Darstellung hervor, daß der Abkühleffekt das Verhalten der "Decklamellen" bestimmt; allerdings nur bis zu einer bestimmten Tiefe. Eine Vertauschung des Breitungsverhaltens der einzelnen Lamellen zwischen Stecker und durchgewalztem Stab tritt nicht ein, obwohl die Berührzeit zwischen Walze und Walzgut sich durch das Abbremsen des Stabes erhöht. Daraus kann gefolgert werden, daß die Temperatur im Querschnitt des Steckers zwar niedriger ist, das relative Wärmegefälle zwischen den einzelnen Lamellen jedoch gleichartig ist.

4. 2. 6 Stichfolge Quadrat-Sechskant

Eine altbekannte Kaliberreihe, die jedoch in letzter Zeit durch eine positive Beurteilung derselben wieder in den Blickpunkt gerückt ist, besteht aus der Formenfolge Quadrat-Sechskant-Quadrat (64). Die erzielbare Stichabnahme in Vor- und Rückstich ist verhältnismäßig groß ($\lambda \cong 1,7$). Der ermittelte Verlauf der örtlichen Formänderungen in Breitenrichtung ist in Abb. 39 wiedergegeben. Der gesamte Querschnitt zeigt Teilbreitungen (β_t). Die oberflächennahen Lamellen erfahren im Bereich der vertikalen Mitte eine gleichmäßige Teilbreitung von geringer Größe und weisen in seitlicher Kantennähe ein Maximum auf. Die Größe der Teilbreitungen nimmt von den oberflächennahen Schichten bis zur horizontalen Mitte zu, wobei sich innerhalb der einzelnen Schichten die größte Breitung vom seitlichen Rand zur vertikalen Symmetrielinie des Kalibers verschiebt. Es ist bereits angesprochen worden, daß die Teilformänderungen in Längsrichtung über den gesamten Querschnitt gleich sind. Nach dem Gesetz der Volumenkonstanz stehen somit die örtlichen Formänderungen in Breitenrichtung in Funktion mit den partiellen Höhenabnahmen. Ihre Verteilung über den Querschnitt ist abhängig von der Zuordnung von Ausgangsquerschnitt und Kaliberquerschnitt. Der Kaliberzeichnung (Abb. 5) kann entnommen werden, daß die Kantenlänge des einlaufenden Quadrates gleiche Länge hat wie der in der Projektion gerade Kalibergrund. Rein rechnerisch ist die Höhenabnahme in diesem Bereich gleich groß. Einer erklärenden Überlegung bedarf zunächst die Beobachtung, daß die mittleren Lamellen in der Mitte ein Maximum der Teilbreitungen besitzen und die Decklamellen jeweils in Randzonennähe. Für die Randmaxima ist die Ausbildung der Abrundungsradien einerseits an den Kanten des Quadrates und andererseits im Übergang vom Kalibergrund zu den Kaliberflanken verantwortlich. Wie der Schablonenzeichnung entnommen werden kann (Abb. 5), ist die Ausrundung des Walzgutes größer als die des Kalibers. Die seitlichen Kanten müssen durch "Umwölben" in die schärfere Gravur eingebracht werden. An Hand einer in Abb. 39b und c wiedergegebenen Verteilung der örtlichen Formänderungen bei einem gewalzten Stecker kann abgelesen werden, daß die Randmaxima in der Mitte des Steckers gemessen (Teilbild c) nicht in den Decklamellen vorhanden sind, sondern in den anschließenden Schichten. Das besagt, daß die Kaliberradien erst zu einem späteren Zeitpunkt gefüllt werden.

Da es einen größeren Kraftbedarf erfordert, den Stofffluß in eine schmale bzw. scharfkantige Gravur zu leiten, werden die Materialteilchen in den Kaliberradius erst dann gedrückt, wenn die inneren Lamellen bereits vorverformt sind, so daß die Umwölbung der Randlamellen erst zu einem späteren Zeitpunkt erfolgt als die der benachbarten Lamellen. Die Breitung wird z. T. wieder rückgängig gemacht, nachdem der Kaliberradius ausgefüllt ist.

Die Maxima der mittleren Lamellen in vertikaler Richtung erklären sich dann, wenn man den Abkühlungsverlauf des Walzgutquerschnittes bedingt durch die Berührzeit Walze-Walzgut berücksichtigt. Vom Kern des Walzgutes bis zu dessen Oberfläche wird der Temperaturabfall größer, so daß, da k_f mit sinkender Temperatur steigt, die Verformbarkeit des Kernes größer ist. Da aber auch die freibreitenden Seiten der Quadrate durch Berührung mit der äußeren Atmosphäre durch Konvektion, hauptsächlich durch Strahlung Wärme abgeben, bleibt der Walzgutkern am leichtesten verformbar, so daß dort die größte Breitung auftritt. Die mittleren Schichten müssen über die gesamte Breite insgesamt eine größere Breitung aufweisen, da der für die Breitung zur Verfügung stehende freie Kaliberraum an dieser Stelle die größte Breitung zuläßt. Das gemessene Maximum in der horizontalen Probenmitte ist andererseits nicht ausschließlich eine Folge des Temperaturfeldes im Walzgut, sondern auch in der Spannungsverteilung über den Querschnitt begründet. Nebe (13) wies nach, daß beim Stauchen von kalten Probekörpern die größten Formänderungen vom Rand bis zum Schwerpunkt des Körpers zunehmen.

4.2.7 Stichfolge Sechskant-Quadrat

Im Rückstich Sechskant-Quadrat wird der einlaufende sechskantige Querschnitt hochkant in das Quadratkaliber eingeführt. Die in Abb. 40 eingezeichneten Kurven der örtlichen Formänderungen in Breitenrichtung sind jeweils aufgrund einer Mittelwertbildung symmetrisch im Probenquerschnitt liegender Teilstrecken gezeichnet worden. Die gemessenen Teilbreitungen koordinierender Bereiche zeigen für diese Stichfolge beachtliche Streuungen, wie sie in allen zuvor untersuchten Stichfolgen nicht beobachtet werden konnten. Das ist darauf zurückzuführen, daß es Schwierigkeiten bereitete, ein - wenn auch minimales - Verkanten der Probestäbe beim Einlauf in das Kaliber zu unterbinden. Der Probekern, d.h. die Lamellen in der Probenmitte breiten stark, wobei in senkrechter Mitte ein Breitungsmaximum auftritt. Die nächstfolgenden Schichten zeigen in Mittelwertdarstellung eine gleich große Breitung über der Breite des Stabes. Von der mittleren Lamelle zu den Randlamellen nimmt der Betrag der Breitung in zunehmendem Maße ab. Anstelle des Maximums bildet sich in den Decklamellen in vertikaler Richtung ein Minimum aus. Die den Decklamellen folgenden Lamellen (Nr. 31 und 38) werden in Breitenrichtung aufgestaucht. Betrachtet man die Schablonenzeichnung für diesen Stich (Abb. 5), so sieht man, daß der Winkel in dem Kalibergrund des verwendeten Quadrates kleiner ist als der Winkel des dachförmigen Aufsatzes des einlaufenden Sechskantstabes. Dadurch verursacht wird der Stab beim Einlauf an vier Punkten gegriffen. Die Decklamellen werden in den Kalibergrund hineingestaucht, d.h. in Breitenrichtung müssen sie eine Teilstreckenverkürzung erfahren. Es ist also eine gewisse Ähnlichkeit mit der Stichfolge Oval-Quadrat gegeben, wenn die Ovale ein Achsenverhältnis von b/h kleiner als 2,1 haben. Der Einfluß der Form des Einlaufquerschnittes, der durch ein Breitungsmaximum in der vertikalen Mitte der Deckschichten gekennzeichnet ist, setzt sich auch in den nächstfolgenden Lamellen (Nr. 32 und 37) fort. Der Übergang zwischen der Formänderungsverteilung in den Decklamellen und derjenigen der Kernlamellen deutet sich in der über die Breite gleichbleibenden Breitung der Lamellen 33 und 36 an. Da es unwahrscheinlich ist, daß dieser Ausgleich der genannten Tendenzen genau in den Meßebenen stattgefunden hat, sondern lediglich in diesem Bereich - zusätzlich geringfügige Unterschiede der Lage dieser Ebenen zur Kalibersymmetrie durch unsymmetrisches Anstechen - kann die bereits erwähnte große Streuung der einzelnen Meßwerte gegenüber der Mittelwertgeraden vornehmlich dieser Lamellen verständlich werden. Die Probe ist im Verhältnis zum Kaliber in der horizontalen Mitte am schmalsten. Daraus läßt sich unter den vorliegenden Walzbedingungen die übermäßig große Breitung des Kernes gegenüber dem Rand ableiten. Versuchstechnisch stellte sich heraus, daß diese Stichfolge ein schlechtes Greifvermögen hat. Die Proben mußten alle in die Walzen eingestoßen werden. In der vorliegenden Form dürfte das bei Verwendung dieser Stichfolge in Konti-Straßen jedoch keinen Nachteil bedeuten, da der gleichzeitig in mehreren Gerüsten steckende Stab in das jeweils folgende Gerüst zwangsläufig eingestoßen wird.

4.3 Verteilung der Teillängungen über die gedrückte Länge

Um eine gewisse Aussage über den Ablauf des Verformungsvorganges im Walzgut beim Durchlaufen der Umformzone zu erhalten, wurden neben den durchgewalzten Proben andere Stäbe abgebremst und die Teillängungen über die gedrückte Länge gemessen. Im Stecker erfahren durch die Breitung bedingt alle Rasterlinien eine seitliche Auslenkung mit Ausnahme derjenigen, welche sich in der senkrechten Symmetrielinie der Walzstäbe befinden. Um eine dadurch verursachte Verfälschung des Bildes vom Verformungsablauf zu vermeiden, wurden die Teillängungen in dieser mittleren Symmetrielinie bestimmt. An Hand eines Beispieles für die Stichfolge

Quadrat-Raute (Achsenverhältnis 2,1) soll ein Eindruck gegeben werden, in welcher Weise die Längenänderungen verteilt sind (Abb. 41). Die Walzrichtung ist durch eine steigende Ziffer der Rasternummer gekennzeichnet. Beim Eintritt in den Walzspalt setzt die Verformung in den oberflächennahen Schichten (5.2 und 5.9) ein. Mit fortschreitendem Einzug des Walzgutes in den Walzspalt nehmen dann vom Rand bis zum Kern nacheinander die einzelnen Schichten je nach Abstand von der Oberfläche an der Verformung teil. Nach Verlassen der Walzebene verlaufen die Kurven für die Teillängenänderungen gerade und parallel zur Ordinate, d.h., der Verformungsvorgang ist beendet.

Bemerkenswert ist die Beobachtung, die bei allen Längenmessungen an Steckern gemacht wurde, daß im Gegensatz zu den Meßergebnissen in Längsrichtung an durchgewalzten Proben bei Steckern stets eine Längungsdifferenz zwischen Rand und Mitte auftritt. Dieses Ergebnis muß seine Ursache im Ablauf des Stoffflusses beim oder nach dem Abbremsen haben. Die zunächst naheliegende Vermutung, dieser Längenunterschied könne den subjektiven oder objektiven Meßfehler wiederspiegeln, muß verworfen werden. Für diese Annahme würde sprechen, daß die einzelnen Meßpunkte beim Steckerwalzen jeweils das Ergebnis einer Messung wiedergeben. Die angegebene Streckung an durchgewalzten Stäben wird durch Mittelwerte wiedergegeben, die jeweils aus zwölf Einzelmessungen gebildet sind. Daraus folgt, daß die an Steckern gewonnenen Einzelmeßpunkte mit einem größeren Streubereich behaftet sein müssen. Gegen die Annahme eines Meßfehlers spricht jedoch die Tatsache, daß erstens die jeweils an einer Lamelle gefundenen Meßergebnisse nach Verlassen des Walzspaltes nur geringfügig verschieden sind - d.h., die Kurven verlaufen parallel zur Ordinate - und zweitens die Längung des Kernes stets größer als die des Randes ist. Die Ursache für diese Erscheinung ist m.E. nach in der Temperaturdifferenz zwischen Rand und Kern während des Abbremsens und des Auffahrens der Walzen einerseits und der anschließenden Wiedererwärmung, nachdem die Stecker aus dem Gerüst entfernt worden sind, zu suchen. Die Probenoberfläche kaltet bedingt durch die unverhältnismäßig lange Kontaktzeit zwischen Walze und Walzgut beachtlich ab. Dadurch ist oberflächlich eine größere Kraft notwendig, um den Werkstoff in den bildsamen Zustand zu versetzen. Die Verformung wird aus dem Kern heraus vor sich gehen. Die Verformung kann in Breiten- und Längsrichtung vonstatten gehen. Wenn das Kaliber vollständig gefüllt ist, d.h., eine Breitenzunahme des Walzgutes erschwert oder bei vorliegender Überfüllung verhindert wird, muß die aus der Höhenrichtung erzwungene Formänderung in die Länge abfließen. Im bereits durchgewalzten Teil in unmittelbarer Nähe der Walzebene muß der Kern eine Längung erfahren, die größer ist als am Rand der Proben. Diese Längendifferenz kann sich nur in dem bereits durchgewalzten Teil ausgleichen. Im Kern entsteht ein Längsdruck. Der Teil, der den Walzspalt verlassen hat, erfährt von innen nach außen einen Temperaturausgleich. Die oberflächennahen Probeschichten erwärmen sich erneut und können durch den Längsdruck in Querschnittsmitte, der sich auf die Randlamellen als Längszug auswirkt, eine nachträgliche Streckung erfahren, d.h. sie fließen außerhalb der Umformzone nach. Diese Vorstellung läßt sich zahlenmäßig nicht belegen, weil sie sich während des Versuches innerhalb der warmen Versuchskörper abspielen und zwar in einem Probenteil, der außerhalb der Meßmarkierungen liegt. Aus diesem Grunde ist den in Längsrichtung gefundenen Meßergebnissen lediglich qualitative Bedeutung beizumessen. Einfluß auf die örtlichen Längungen nehmen die Länge der Umformzone und die Größe der örtlichen Höhenabnahme, die von der Kaliberform und der Ausbildung der eintretenden Querschnitte abhängig sind.

5. Erörterung der Versuchsergebnisse

Die Untersuchungen umfassen die Stichfolgen Quadrat-Oval; Quadrat-Raute, Sechskant-Quadrat - jeweils Vor- und Rückstich - und die Stichfolge Schlichtoval-Rund. Die Verteilung der örtlichen Formänderungen nach dem Walzen ist generell an Hand eines im Ausgangszustand rechtwinkligen Rastersystems verfolgt worden. Die auf den Versuchsstäben aufgebrachten Rasternetze sind nach der Verformung in den unterschiedlichen Kalibern stets dreidimensional gewölbt. Diese Beobachtung trifft sowohl für Raster an der Oberfläche von Versuchsstäben als auch für diejenigen, die zur Ermittlung der Teilchenbewegung im Innern des Walzgutes auf den einzelnen Lamellen geschichteter Versuchskörper aufgebracht worden sind, zu (Abb. 42). Die unterschiedliche Linienkrümmung von Querrastern ist in der Draufsicht auf die einzelnen ausgefächerten Schichten einer im Ovalkaliber verformten Probe in Abb. 43 zu erkennen. Bereits Siebel (9) stellte fest, daß bei der Warmformgebung, insbesondere, wenn größere Stichabnahmen verwirklicht werden, die Verformung nicht parallel epipedisch abläuft.

Im vorliegenden Falle sind die örtlichen Formänderungen entlang der nach der Verformung entstehenden dreidimensional gekrümmten Linien (Rasterlinien) gemessen und verfolgt worden. Dieses Vorgehen ist abgestimmt auf den sich natürlich einstellenden Stofffluß. Es hat den Nachteil, daß ein im Ausgangszustand rechtwinkliges Rasternetz, abgestimmt auf die drei Raumkoordinaten, nach dem Walzen nicht in ein gleichartiges Netz eingeordnet werden kann. Wohl aber den großen Vorteil, daß eine derartige Auswertemethode die effektiven Verschiebungen zwischen zwei Materialteilchen erfaßt, die für die Qualität des Walzgutes von Bedeutung sein können. Die Messungen erfolgten jeweils - über die Stablänge gesehen - im Mittelteil der Proben; in einem solchen Teil des Stabes, der außerhalb des gestörten Einflußbereiches der Walzzungen angeordnet ist.

Die Auswertung von durchgewalzten Proben hat in Längsrichtung ergeben, daß über den Querschnitt gesehen die Teilstreckgrade innerhalb des Bereiches der Meßgenauigkeit gleich sind und deren Mittelwert dem Gesamtstreckgrad entspricht. Diese Beobachtung ist bei allen Schichtproben gemacht worden. Selbstverständlich ist die Größe des mittleren Teilstreckgrades (entsprechend dem Gesamtstreckgrad) für die verschiedenen Stichfolgen unterschiedlich groß. Diese Erkenntnis ist für den Verlauf der Formänderungsverteilung wesentlich, und zwar in der Weise, daß unter Voraussetzung des Gesetzes der Volumenkonstanz eine örtliche Formänderung entweder durch die Höhen- oder Breitenformänderung gekennzeichnet werden kann. Vorausgesetzt die Längsformänderung aller beobachteten Probeteilchen hat einen bestimmten Wert, so werden Teilchen, denen eine große Höhenformänderung aufgezwungen wird, eine starke Breitung erfahren. Die Größe der örtlichen Höhenabnahmen ist in erster Linie von der Kaliberform- und Größe und der Geometrie und den Abmessungen der verwendeten Ausgangsquerschnitte des Walzgutes abhängig, des weiteren natürlich von den auch beim Flachwalzen üblichen Walzbedingungen. Aus Gründen der Meßtechnik ist es zweckmäßig, weil einfacher und mit besserer Genauigkeit zu erfassen, die örtlichen Breitenformänderungen festzuhalten, und zwar u. a. aufgrund des verwendeten Probenaufbaues. Da die Verformung nicht parallelepipedisch verläuft, kann eine Höhenformänderung in Teilbereichen, die eine Dickenmessung voraussetzt, nur bedingt durchgeführt werden. Die ursprünglich rechteckigen Rastersignierungen werden nach der Verformung zu einem Trapez mit gekrümmten Begrenzungslinien verzerrt, wobei durch den in den einzelnen Schichten in Höhenrichtung unterschiedlichen Breitungseinfluß die Messung einer mittleren Dicke z. T. fragwürdig erscheinen läßt, weil der Meßort nicht exakt festgelegt werden kann. Aus diesem Grunde sind zur Verfolgung der Formänderungsverteilung die Formänderungen in Breitenrichtung ermittelt worden, um ein Bild von den ablaufenden Vorgängen, d. h., von den Teilformänderungen, zu erhalten.

Entsprechend der Versuchsergebnisse treten die größten Formänderungen stets im Innern des Walzgutes auf; eine Beobachtung, die bereits Hollenberg (16) beim Walzen auf der Flachbahn machte.

Diese Feststellung, die bei einer Walzgeschwindigkeit von 0,1 m/s gemacht wurde, muß auch bei Veränderung der Walzgeschwindigkeit Gültigkeit haben, da der Walzgutkern stets wärmer sein muß als die Oberfläche. Das führt dazu, daß trotz der Ausbildung eines jeweils unterschiedlichen inhomogenen Temperaturfeldes der Kern einen geringeren Formänderungswiderstand hat. Wenn beim Walzen Höchstgeschwindigkeiten verwirklicht werden, darf die durch die Verformung entstehende Wärme nicht außer acht gelassen werden, wodurch das Temperaturgefälle zwischen Kern und Rand zusätzlich vergrößert wird, insbesondere dann, wenn die Walzen wie betrieblich üblich, gekühlt werden (94). Die Abkühlung der Oberfläche des Walzgutes ist über den Umfang gesehen beim Walzen in Kalibern von der verwendeten Proben- und Kaliberform abhängig. Bei der Überführung von Ausgangs- in die Endform ergibt sich für jede Stichfolge eine charakteristische Form der gedrückten Fläche. Die Querschnittsteile, deren gedrückte Länge am größten ist, haben die längste Kontaktzeit zwischen Walze und Walzgut und kühlen am stärksten ab.

Vergrößert man bei gleicher Form des Kalibers oder eines Anstichquerschnittes das Achsen- bzw. Abmessungsverhältnis, so nehmen die Beträge der örtlichen Formänderungen in Breitenrichtung vergleichbarer Querschnittsteile zu.

Unter vergleichbaren Querschnittsteilen sind Flächenelemente zu verstehen, die bezogen auf den Schwerpunkt des Probenquerschnitts eine gleichartige geometrische Lage haben, d. h. Flächenteile, die sich durch gleiche Abstände auf den Höhen- und Breitenkoordinaten auszeichnen.

Unter einer Zunahme der örtlichen Formänderungen ist in der Vorstellungsweise von z. B. örtlichen Teilbreitgraden (β_t) ebenfalls eine Abnahme von Materialaufschiebungen zu verstehen. Der Teilbreitgrad wird dabei numerisch von 0 bis zu Werten größer als 1 gezählt. $\beta_t = b_{1t}/b_{0t} = 0$ bedeutet, daß b_{1t} gleich 0 ist, - d. h., zwei benachbarte Teilchen verschmelzen zu einem Punkt. $\beta_t = 1$ besagt, daß die Entfernung zwischen zwei Punkten unverändert bleibt. Ist der Teilbreitgrad $\beta_t > 1$, hat die Verformung eine Entfernung der Meßpunkte voneinander bewirkt, d.h. es hat eine echte Breitenzunahme stattgefunden und zwar um so größer, je größer der Wert von β_t ist.

Die Zunahme der örtlichen Breitung bei Vergrößerung des Achsenverhältnisses b/h ist bei der Stichfolge Quadrat-Raute aus einem Vergleich von Abb. 19 bis 21 zu ersehen, wobei das Achsenverhältnis b/h der Rautekaliber von 1,4 bis 2,1 verändert worden ist. Die gleiche Abhängigkeit der Größe der Teilbreitungen vom Achsenverhältnis ergibt sich, wie eine Gegenüberstellung von Abb. 26 (b/h = 1,2) bis Abb. 30 (b/h = 3,5) zeigt, beim Walzen von quadratischen Ausgangsstäben in Ovalkalibern. Werden die so erzeugten raute- oder ovalförmigen Stäbe in folgenden darauf abgestimmten Quadratkalibern verformt, so werden innerhalb einer Formenreihe (Oval oder Raute) durch eine Veränderung der Abmessungsverhältnisse des Eintrittsquerschnittes die Beträge der Teilformänderungen gleichsinnig erhöht oder erniedrigt.

Die Absolutwerte der örtlichen Breitung sind bei den im vorliegenden Falle quadratischen Rückstichen stets kleiner als bei den Vorstichen (Raute, Oval). Je größer das Achsenverhältnis der Kaliber bzw. das Abmessungsverhältnis der Eintrittsquerschnitte in einem Kaliber höherer Geometrie ist, desto größer ist die Differenz der örtlichen Breitung zwischen den im Kalibergrund befindlichen Randteilen gegenüber der Mitte des Walzgutes.

Die Kaliberform bzw. die Form der Eintrittsquerschnitte ist gegenüber den gezeigten allgemein gültigen Feststellungen entscheidend für eine charakteristische Verteilung der örtlichen Breitenformänderungen. Alle gefundenen Versuchsergebnisse zeigen, daß die beim Angriff der Walzen zuerst gedrückten Bereiche des Walzgutes die größte Breitenzunahme erfahren. Aufgrund der durchgeführten Untersuchungen müssen drei Fälle unterschieden werden:

1.) Die Walzkraft greift an zwei Punkten am Walzgut an, z.B. bei den Stichfolgen Quadrat-Raute, Raute-Quadrat, schlankes Oval-Quadratkaliber und Oval-Rund.
2.) Die Walzkraft greift am Walzgut zuerst an vier Punkten an, z.B. bei den Stichfolgen Quadrat-Oval, gedrungenes Oval-Quadrat, sowie Sechskant-Quadrat.
3.) Die Walzkraft wirkt zunächst über eine Linie, z.B. Quadrat-Sechskant.

Die Auswirkungen der zugeordneten Geometrie von Einlauf- und Kaliberquerschnitt auf die örtlichen Formänderungen in Breitenrichtung lassen sich in dieses Schema einordnen und beurteilen.

Bei den zu Fall 1 genannten Beispielen wird für die einzelnen Höhenschichten die größte Formänderung in Breitenrichtung jeweils auf der senkrechten Symmetrieachse der Kaliber gefunden. Von den oberflächennahen Lamellen bis zum Kern nehmen die Teilbreitgrade zu (Abb. 19 und 21 bis Abb. 34). Die Differenz der Breitenzunahme zwischen Kern- und Decklamellen und die absolute Größe der zugehörigen Teilbreitgrade ist um so größer, je größer das Achsenverhältnis b/h des Kalibers ist. Beim Walzen quadratischer Querschnitte auf der Flachbahn erhält man eine Ausbauchung der freibreitenden Seiten, sofern die Flächenabnahme ε_f ca.

27 % beträgt (18; 49). Die Breitung wird einerseits durch die genannte Abkaltung als auch durch die auftretende Reibung an den Preßflächen behindert. Eine Behinderung der Breitung wird darüber hinaus beim Walzen im Kaliber durch die seitliche Neigung der Kaliberflanken gefördert. Da die Berührfläche von der vertikalen Mittellinie bis zur Kaliberöffnung während des Durchganges eines Stabes durch die Umformzone zunimmt, ist durch die Wirkungsweise der Fließwiderstände zu verstehen, warum sowohl in den einzelnen Schichten die Teilbreitungen zum Rand hin abnehmen als auch von den Decklamellen zum Kern hin zunehmen.

Für die Stichfolge Quadrat-Raute liegen von Gokyu (62) Versuche mit Plastilin vor. Gewalzt wurde in einem Rautekaliber mit einem Achsenverhältnis von 1,7. Die Tendenz sowie die Größenordnung dieser Ergebnisse stimmen mit den vorliegenden Untersuchungsergebnissen überein. In der horizontalen Mitte zeigen die Plastillinproben in der Nähe der Oberfläche eine Breitungszunahme, die durch die Versuche mit Stahl nicht bestätigt werden konnte. Von den genannten Beispielen sind die Stiche Quadrat-Raute herausgegriffen worden, da die Erscheinungen des Stoffflußverlaufes hier am deutlichsten zutage treten. Aus demselben Grunde werden für Fall 2 des Greifschemas die in Ovalkalibern verformten Quadratstäbe in den Vordergrund gestellt. Die größten Formänderungen werden in diesem Falle nicht im Bereich des Schwerpunktes, sondern seitlich davon auf den Verbindungslinien zwischen den jeweiligen Angriffspunkten des Walzgutes gefunden. Ein ähnlicher Verlauf der Teilbreitungen, die in dieser vorliegenden Arbeit gefunden wurden, ist von Gokyu (62) für diese Stichfolge an Hand von Plastillinproben ermittelt worden. Das dabei verwendete Kaliber hat ein Achsenverhältnis von $b/h = 2,8$. Ein Abfall der Teilbreitungen im seitlichen Randgebiet auf der horizontalen Achse, wie ihn Gokyu gemessen hat, wird in der vorliegenden Untersuchung nur in einem Kaliber, dessen b/h-Verhältnis 3,5 ist, beobachtet. Je größer die Quadratseite des ein Kaliber füllenden Einlaufquerschnittes ist, desto breiter ist in der Breitenmitte der einzelnen Schichten eine Zone von annähernd gleich großer Formänderung. Die Decklamellen werden im Mittelteil in Breitenrichtung gestaucht, um so mehr, wenn das Achsenverhältnis klein ist. Bei der Stichfolge Sechskant-Quadrat (Fall 3) werden die oberflächennahen Decklamellen ebenfalls in Breitenrichtung zur senkrechten Symmetrieachse hin verkürzt, da der Kaliberraum zwischen den vier Kraftangriffspunkten gefüllt werden muß. Da die Einlaufstäbe (sechskantig) eine verhältnismäßig große Ausgangshöhe haben und die jeweils zwei Berührungspunkte Walze-Walzgut einen relativ geringen Abstand in der Breite gesehen haben, wirkt sich die Tendenz der Formänderungsverteilung, wie sie im Walzstich Quadrat-Oval charakteristisch ausgebildet ist, nicht bis zum Probenkern aus. Im Probenkern wird in Breitenrichtung eine Formänderung festgestellt, wie sie in der Stichfolge Raute-Quadrat beobachtet worden ist. Die gleiche Erscheinung wird für die in Sechskantkalibern verformten Quadratstäbe beobachtet. Die oberflächennahen Randlamellen zeigen ein Breitungsverhalten wie auf der Flachbahn gewalzte rechteckige Stäbe (49), während die mittleren Schichten das Breitungsmaximum in der vertikalen Mitte haben, in einer Weise als ob der Kraftangriff über die senkrechte Symmetrielinie erfolgt wäre. Neben diesen beiden Beobachtungen ist hervorzuheben, daß die Formänderungsverteilung in der Stichfolge Oval-Quadrat durch die Wahl der Größe des Achsenverhältnisses des einlaufenden Querschnittes veränderbar ist. Eine Möglichkeit, die keine der anderen Stichfolgen erlaubt. Der Vorteil dieser Stichfolge ist bei einer Wertung der einzelnen Kaliberreihen schwerwiegend, da dem Kalibreur die Möglichkeit gegeben ist, mit Hilfe der Kaliberreihe Quadrat-Oval-Quadrat die Verteilung der Formänderungen über den Querschnitt gesehen beeinflussen zu können; abgestimmt auf die Anforderungen, die an ein Endprodukt gestellt werden, z.B. zur Erzielung eines gleichmäßigen Gefüges.

Die größten Formänderungen im Walzgutquerschnitt werden bei der Stichfolge Quadrat-Raute-Quadrat stets auf den diagonalen Hauptachsen des Walzgutes gemessen, wobei die im n-ten Stich erzielte Breitung im n-1-Stich z.T. zurückgestaucht wird. Die hauptsächlich aufgrund des Materialzusammenhanges gestreckten Querschnittsteile erfahren eine geringere Gesamtformänderung. Beim Walzen in der Stichfolge Quadrat-Oval wird die größte Teilbreitung (entsprechend der örtlichen Höhenabnahme) im seitlichen Kaliberteil erzielt (Abb. 30). Je nach Wahl des b/h-Verhältnisses kann im Rückstich Oval ($b/h \geq 2,1$)-Quadrat die größte Formänderung in den Bereich der diagonalen, vertikalen Symmetrieachse erfolgen (Abb. 34), so daß über den Querschnitt gesehen eine gleichmäßige örtliche Verteilung der Gesamtformänderung erzielt werden kann. In allen Kaliberfolgen werden die oberflächennahen Randbereiche (Schichten) weniger verformt. An Hand einer schematischen Darstellung, die aufgrund der Ergebnisse der örtlichen Formänderungen in Breitenrichtung angestellt wird, soll, ohne daß einzelne Zahlenwerte einbezogen werden, eine Vorstellung entworfen werden, wie in einer Fertigprobe die Bereiche größter Formänderungen nach dem Walzen in verschiedenen Kaliberreihen angeordnet sind. Einbezogen werden soll gleichfalls die Möglichkeit die Randbereiche stärker durchzuformen. In diesem Schema (Abb. 44) ist im Teilbild a die Kaliberfolge Quadrat-Raute gezeichnet. Die quadratischen Symbole deuten diejenigen Teilbereiche an, die die größte Verformung erfahren - die Pfeile die Richtung in der die Verformung zunimmt.

Die Flächenbereiche, in denen bei einem der vorhergehenden Stiche die größte Breiten- und Höhenformänderung beobachtet wurde, werden in Form eines schwarz durchgezeichneten Symbols gekennzeichnet. Aus dieser Darstellung ist zu erkennen, daß nach einer beliebigen Anzahl von Stichen der Kaliberreihe Quadrat-Raute-Quadrat bevorzugt die diagonalen Achsen verformt werden, wobei der Maximalwert jeweils im Flächenschwerpunkt auftritt. Eine andere Verteilung ergibt sich beim Walzen in der Kaliberfolge Quadrat-Oval. Die größte Breitung wird unterhalb der seitlichen Quadratkanten gefunden, wenn Ausgangs- und Kaliberquerschnitt ineinander gezeichnet sind (Abb. 44, Teilbild b und c). Es muß unterschieden werden zwischen Ovalkalibern mit einem Achsenverhältnis von $b/h < 2,1$ und $b/h > 2,1$, da sich eine verschiedenartige Stoffflußverteilung ausbildet (vgl. Abb. 31 und Abb. 34). Man sieht im Stich 4 (Abb. 44, Teilbild b), daß die örtlichen Bereiche der jeweils größten Formänderungen in dieser Kaliberfolge weiträumiger verteilt im Querschnitt sind als für die Stichfolge Quadrat-Raute. Zum Unterschied von Kaliberreihe b (Abb. 44) ist für die Kaliberreihe c (Abb. 44) zusätzlich der Kern mehrfach durchgeformt. Diese Verteilung ergibt sich allerdings erst nach 8 Stichen. Dem Kalibreur ist somit die Möglichkeit gegeben, den Walzgutquerschnitt in einer ihm im Hinblick auf das Endprodukt zweckmäßigen Art durchzuformen. Beachtet werden muß hierbei allerdings, daß der Kantvorgang in jeweils gleicher Richtung durchgeführt wird, in der Schemazeichnung (Abb. 44) im Uhrzeigersinn.

In das Schema sind die Stichfolgen Quadrat-Sechskant und Schlichtoval-Rund nicht aufgenommen worden, da mit Einschränkungen die Formänderungsverteilung derjenigen der Kaliberreihe Quadrat-Raute ähnlich ist.

Bei der Bewertung der Streckkaliberreihen muß in Betracht gezogen werden, daß Werkstoffe mit geringem Formänderungsvermögen ohne Schädigung des Materials gewalzt werden können. Bedingt durch den Walzenangriff am Walzgut stellt sich im Werkstoff ein charakteristischer Spannungszustand ein. Aufgrund des Walzenangriffes an vier Quadratkanten beim Verformen in Ovalkalibern kann gefolgert werden, daß im Unterschied zur Stichfolge Quadrat-Raute eine größere seitliche Druckspannung im Kern der in Ovalkalibern verformten Walzstäbe entsteht. Hierbei dürfen die Vorgänge nicht allein vom Ausgangs- und Endquerschnitt her gesehen werden, sondern die gesamte Umformzone muß in die Betrachtung einbezogen werden. Alle Ausgangsquerschnitte, die vom Kaliber beim Eintritt in den Walzspalt "punktförmig" an der längeren Hauptachse erfaßt werden, breiten in den freien seitlichen Kaliberraum hinein. Über die Breite gesehen wird der Fließwiderstand erst wirksam, wenn sich das Walzgut an die Kaliberwand angelegt hat, d.h. die größtmögliche Spannung in Breitenrichtung wird erst in der Walzebene wirksam. In Ovalkalibern gewalzte Quadratstäbe werden vom Kaliber beim Eintritt in den Walzspalt an vier Punkten ergriffen. Dadurch wird bewirkt, daß der Kern des Querschnittes über die maximale gedrückte Länge unter Querdruck steht. Je größer das b/h-Verhältnis des Ovalkalibers, desto größer ist der auftretende Querdruck. Bedingt durch diesen Querdruck wird das Formänderungsvermögen im Ovalkaliber erhöht (96, 97, 98). Lediglich die Teile des Walzgutquerschnittes, die während des Verformungsvorganges in die seitlichen freien Kaliberflächen hineinbreiten, stehen unter einem weniger günstigen Spannungszustand, der jedoch bei Verwendung von Ovalkalibern nicht ungünstiger sein kann als bei Rautekalibern. Köhler und Gorges (67) stellten fest, daß durch Gasblasen verursachte Rißbildung der Qualität Muk 15 herabgemindert wird, wenn ein Ovalkaliber in einer Stichfolge von sechs Stichen eingefügt wird, gegenüber einer reinen Quadrat-Raute-Reihe, da "im Streckoval eine Verschweißung bzw. eine Richtungsänderung aufgeplatzter bzw. vorhandener Gasblasen erfolgt". Einer Untersuchung von Leder (66) kann entnommen werden, daß eine entstehende Rißbildung weniger häufig an einer Straße mit Quadrat-Oval-Auslegung beobachtet wurde als an einer solchen, die in der Kaliberreihe Quadrat-Raute ausgelegt war.

Wie die vorliegenden Untersuchungen zur Feststellung der Formänderungen in Breitenrichtung an der Oberfläche gezeigt haben, werden die freibreitenden Quadratkanten im Ovalkaliber stark gestaucht. Darin dürfte die Ursache für das von Köhler und Gorges beobachtete Verschweißen von Gasblasen zu suchen sein, da diese seitlichen Probeteile eine große Materialaufstauchung erfahren. Das bringt aber die Gefahr mit sich, daß diese Umfangsteile zu Druckfaltungsrissen neigen können. Nach Cramer (65) tritt eine Druckfaltung um so eher auf, wenn große Höhenabnahmen bei senkrechten seitlichen Kaliberbegrenzungen verwirklicht werden. Beides ist im Bereich der Kaliberteilung weder bei Rauten- noch Ovalkalibern der Fall. Die Kaliber sind seitlich geneigt, und zwar um so mehr je größer das Achsenverhältnis b/h ist.

Geht man von der Annahme aus, daß Fältelungen in Oberflächengebieten entstehen, die aufeinandergeschoben, d. h. oberflächlich gestaucht werden, so besteht nach den in dieser Arbeit gefundenen Messungen der örtlichen Breitenänderung die Möglichkeit, daß sich in Rautenkalibern über der gesamten Oberfläche (Abb. 12) und im Ovalkaliber an den freibreitenden Quadratflächen (Abb. 15) derartige Fehler zeigen könnten. Die in der Literatur (68, 69) vertretene Ansicht, die Quadrat-Raute-Reihe sei gütemäßig besser als die Quadrat-Oval-Reihe, kann im Hinblick auf die gemessene Formänderungsverteilung in Breitenrichtung nicht bestätigt werden, ebensowenig die von Moses (68) gemachte Annahme, daß beim Walzen in der Quadrat-Raute-Reihe die Anzahl der Fältelungen abnimmt. Sofern Fältelungen zur Seite des Walzspaltes entstehen können, ist zwar über den Umfang verteilt die Anzahl der Fältelungen bei der Kaliberreihe Quadrat-Oval anzahlmäßig größer als bei der Quadrat-Raute-Reihe. Da jedoch der Walzspalt bei der Quadrat-Raute-Kalibrierung stets in den Diagonalen angeordnet ist und jeweils nach zwei Stichen die gleichen Umfangsteile aufgestaucht werden, muß sich ein Oberflächenfehler verstärken, bzw. vertiefen. Das bedeutet, daß bei einer Nachbearbeitung des Walzgutes zur Beseitigung der Fehlerstelle mehr Material abgetragen werden muß. Die von Cramer angeführte Aussage, daß im Ovalkaliber Fältelungen ihre Ursache in dem Zusammenwirken von "Schub und hohem Druck" im seitlichen Randbereich haben, läßt m. E. nur die Folgerung zu, daß aus dieser Überlegung im Randbereich keine Fehlstellen auftreten können.

Neben den angesprochenen Vorteilen, die sich aus der Sicht des Formgebungsvorganges ergeben, muß weiterhin die anwendungstechnische Seite im Auge behalten werden, die u. U. den Walzwerksingenieur veranlaßt, unter den für seinen Betrieb gegebenen Umständen eine Kalibrierung zu wählen. Zu nennen ist das Gebiet der Walzgutführung. In der Quadrat-Raute-Reihe wird das Walzgut vom Kalibergrund gegriffen und breitet aus einem Gebiet größter Höhenabnahme in die Breite des Kalibers. Durch die Zuordnung der Geometrie der Gravur zu derjenigen des Walzgutes ist eine gewisse Selbstzentrierung der Walzader gegeben. Quadrate, die in Ovalkaliber, besonders, wenn das b/h-Verhältnis klein ist, verformt werden, setzen zur Zentrierung des Walzgutes sorgfältig justierte Führungen voraus. Sofern das nicht möglich ist, verkanten die Quadrate - eine Erscheinung auf die bereits Metz (56) hingewiesen hat. Das hat zur Folge, daß das Walzgut in dem nachfolgenden Stich in zunehmendem Maße dazu neigt zu kippen.

Um auf jeden Fall Überfüllung zu vermeiden, werden die Kaliber in der Praxis meist unterfüllt. Dadurch wird die örtliche Formänderungsverteilung von der gemessenen abweichen, insbesondere aber dann, wenn aus gleichen Kalibern durch Vergrößerung des Walzspaltes mehrere Abgangsquerschnitte im gleichen Kaliber gewalzt werden. Dadurch können Walzfehler entstehen, die jenseits der Feststellungsmöglichkeit dieser Untersuchung liegen. Bereits Metz (17, 55, 56), Cramer (65) und Schneider (69, 70) machten die Feststellung, daß eine ungenügende Abstimmung des Kaliberquerschnittes auf den Einlaufquerschnitt zu Fehlern führen kann.

Entgegen der allgemeinen Ansicht, daß bei kleinen Achsenverhältnissen und dadurch bedingte kleinere Gesamtstreckgrade der Werkstoff schonender verformt wird, kann an Hand der Meßergebnisse bei der Stichfolge Quadrat-Oval gezeigt werden, daß u. U. ein größeres Achsenverhältnis (b/h = 2, 1) in Walzspaltnähe durchaus kleinere Stauchungen an der Oberfläche zur Folge haben kann (Abb. 15), als dies bei Kalibern mit geringerem Achsenverhältnis und damit geringerer Streckung der Fall ist.

Die vorliegende Untersuchung eröffnet die Möglichkeit, einen Einblick in die durch die Kaliberform und die geometrische Zuordnung von Eintritts- und Austrittsquerschnitt bedingte örtliche Formänderungsverteilung zu erhalten.

Die Kenntnis der örtlichen Formänderungsverteilung ist für eine zweckmäßige Auslegung von Kalibrierungen von außerordentlicher Bedeutung, weil dadurch Walzfehler vermieden werden können. Bislang hat man sich damit beholfen, eine Vorstellung von der örtlichen Formänderung an Hand der sogenannten Teillängungsschaubilder zu erhalten. Die Teillängungsschaubilder, die unter gewissen einschränkenden Voraussetzungen berechnet werden können, werden im folgenden Kapitel 5.1 mit der tatsächlich beobachteten Verteilung der örtlichen Formänderung verglichen und danach ihr Aussagegehalt bewertet.

Die Ergebnisse der vorliegenden Untersuchungen zeigen aus der Sicht der Verteilung der Teilformänderungen eine gewisse Überlegenheit der Stichfolge Quadrat-Oval-Quadrat gegenüber den Stichfolgen Quadrat-Raute-Quadrat und Quadrat-Trapez-Quadrat.

1. Der Werkstoff kann über den gesamten Querschnitt gleichmäßig durchgeformt werden.

2. Durch eine Veränderung des Achsenverhältnisses b/h kann eine bestimmte Verteilung der örtlichen Formänderung erzielt werden.

3. Wird ein b/h-Verhältnis von ca. 2,1 verwirklicht, greift das quadratische Kaliber im Rückstich über eine Kontaktfläche am Walzstab an, wodurch Innenfehler im Walzgut vermieden werden können, ähnlich wie es beim Schmieden mit 135°-Winkelsätteln (99) experimentell gezeigt worden ist.

4. Die Lage des Walzspaltes wird im Laufe einer größeren Anzahl von Stichen gleichmäßig über den Umfang verteilt.

Ein Nachteil der Stichfolge Quadrat-Oval ist die Materialaufstauchung an der Oberfläche der "freibreitenden" Quadratkanten. Dieser Nachteil wird aufgewogen durch die Tatsache, daß beim Walzen in einer Stichfolge Quadrat-Raute der gesamte Umfang aufgestaucht wird. Des weiteren kann durch zweckmäßige Wahl des Achsenverhältnisses der Ovalkaliber die Größe der Aufstauchung in Grenzen gehalten werden.

6. Kritische Wertung der Teillängungsschaubilder

Die örtlichen Formänderungen im Walzgut, gemessen jeweils in Breitenrichtung, sind unterschiedlich groß je nach Lage der Meßstrecken im Querschnitt, sowohl in Abhängigkeit von der Probenhöhe als auch der Breite. Bei Kenntnis dieser Tatsache stellt sich die Frage, was für eine Aussage die von Tafel (14) rechnerisch ermittelten, sogenannten Teillängungsschaubilder zulassen. Diese Rechenmethode berücksichtigt den Einfluß der Geometrie des einlaufenden Querschnittes und die des Kalibers.

Derjenige Teil der Probenbreite wird in die Rechnung einbezogen, der bei achsensymmetrischer Zuordnung von den Schnittpunkten des Einlaufs- und Kaliberquerschnittes begrenzt wird (Abb. 45). Innerhalb dieses Breitenbereiches wird die Höhenabnahme einzelner Teilabschnitte ermittelt. Bei diesem Vorgehen wird vorausgesetzt, daß keine Breitung des Walzgutes stattfindet. Mit Blick auf die vorliegenden Meßergebnisse, die eine Breitenänderung der Teilabschnitte ergeben haben, wird bedingt, daß die errechneten Werte ε_h gegenüber der Wirklichkeit meistens zu groß sind. Zum anderen muß, da in vertikaler Richtung des Walzgutes eine veränderliche prozentuale Höhenabnahme ermittelt worden ist, in den Tafel'schen Diagrammen die Größe ε_h (%) eine mittlere prozentuale Höhenabnahme ϵ_{h_m} sein, weil über die Höhenrichtung die Abnahme summiert errechnet ist. Wird aber eine tatsächlich vorhandene Breitung in der Rechnung vernachlässigt, so ist eine Umrechnung von ϵ_{h_m} in eine Längenformänderung λ unter Verwendung des Gesetzes der Volumenkonstanz unzulässig, und die üblicherweise verwendete Bezeichnung "Teillängungsschaubild" irreführend. Es ist der Versuch unternommen worden, formal die Breitung in einer ähnlichen Rechnung einzubeziehen in der Weise, daß eine bestimmte Anzahl von Teilabschnitten der Ausgangsbreite b_0 auf eine Endbreite b_1 bezogen wurde, unter Verwendung von Einlaufquerschnitten, die ein bestimmtes Kaliber vollständig füllen. In diesem Falle ist die Breite der Teilabschnitte nach der Verformung größer als diejenigen im Ausgangszustand. Das Ergebnis zeigt (Abb. 46), daß über die Breite gesehen der Streckgrad λ_t in den einzelnen Teilabschnitten unterschiedlich groß ist. Die Differenz zwischen größtem und kleinstem Wert der Streckung ist jedoch wesentlich geringer als in der zuvor gezeigten Darstellungsweise. Das Ergebnis dieser Rechenmethode ist jedoch unbefriedigend wenn man einen Vergleich mit den vorliegenden Meßergebnissen anstellt. Ausschlaggebend ist, daß in Längsrichtung in allen Teilen des Querschnittes gleich große örtliche Formänderungen gemessen worden sind. Überlegungsmäßig ist dieses Meßergebnis durch den Materialzusammenhang zu erklären. Im Sinne des Prinzips des kleinsten Zwanges, werden Querschnittsteile, die eine kleine Höhenabnahme erfahren, von denen, die eine große Abnahme erfahren, mit in die Länge gezogen. Örtliche Teile, die einer übermäßig großen Höhenformänderung unterliegen, weichen, bezogen auf die mittlere Längsformänderung in die Breite aus, d. h., Probeteile, die extrem große Höhenabnahmen erfahren, zeigen die größte Breitung. Diese Beobachtung wird z. B. bei Rauten auf der vertikalen Mittellinie und bei Ovalen in der Richtung der Hauptdruckkraft auf der Verbindungslinie zwischen den ersten Berührungspunkten zwischen Walze und Walzgut gemacht. Für die Richtigkeit dieser Annahme soll für eine indirekte Beweisführung auf ein Teillängungsschaubild zurückgegriffen werden (Abb. 45). Sofern die erfaßten seitlichen Randbereiche eine Streckung $\lambda = 1,0$ haben, bedeutet das, daß die Länge eines Walzstabes am Walzenschluß vor und nach der Verformung gleich ist, während die senkrechte Symmetrielinie eine 1,75fache Verlängerung erfuhr. Daraus würde sich ableiten, daß die Endzungen eines Stabes von 30 cm Länge und jene eines mit 3 m Länge ein wesentlich unterschiedliches Aussehen haben in der Weise, daß der Unterschied zwischen kürzestem und längstem Teil der Zunge mit der Länge des gewalzten Stabes größer würden. Weder im Versuch noch in der Praxis wird eine derartige Verlängerung der Zungenausbildung bei längeren Walzstäben beobachtet, wie sie nach Tafel auftreten müßte. Das heißt, die Annahme eines Querflusses ist zwingend. Das bedeutet, nachdem die Formänderungsverteilung festgestellt worden ist, daß die Teillängungsschaubilder die während der Verformung ablaufenden Vorgänge nicht größenordnungsmäßig wiedergeben können. Mit ihrer Hilfe ist man jedoch imstande, schematisch, ohne Versuchsaufwand einen Anhalt zu bekommen, in welchem Querschnittsbereich einer Kaliberwalzprobe besonders große bzw. kleine Formänderungen auftreten können. Die wirklich auftretenden örtlichen Formänderungen und deren Verteilung lassen sich an Hand dieser Teillängungsschaubilder nicht rekonstruieren. Dazu sind stets Versuche, ähnlich den in dieser Arbeit durchgeführten, notwendig.

7. Zusammenfassung

Die Technologie der herkömmlichen Formgebungsverfahren ist im wesentlichen empirisch entwickelt worden. Versuche wurden in erster Linie mit dem Ziel durchgeführt, einwandfreiere Erzeugnisse liefern zu können, bzw. betrieblich auftretende Fehler abzustellen.

Grundlegende Untersuchungen erfolgten deshalb zunächst beim Stauchen von Zylindern. Hierbei ergab sich u. a. die allgemeingültige Erkenntnis, daß der Materialquerschnitt des Umformgutes örtlich unterschiedlich große Formänderungen mit verschiedenen Bewegungsrichtungen erfährt; d. h. der Stofffluß verläuft mehrdimensional. Zur Ermittlung der Größe und Verteilung der örtlichen Formänderungen sind in neuerer Zeit im Institut für Bildsame Formgebung Versuche beim Kalt- und Warmstauchen, sowie beim Warm-Walzen auf der Flachbahn durchgeführt worden.

Die Stofffluß-Vorgänge beim Walzen in sog. Streckkalibern sind aufgrund der im Schrifttum angeführten Versuche überschläglich bekannt. Allerdings erlauben es die vorliegenden Erkenntnisse nicht, verschiedenartige Kaliberformen unter Einbeziehung der Achsenverhältnisse miteinander zu vergleichen. Die Kenntnis des Einflusses der Umformgeometrie auf den Formänderungsvorgang ist eine Voraussetzung für eine zweckmäßige Auslegung der Formgebungswerkzeuge (hier der Walzen). Um verschiedene Kaliberarten nach verformungskundlichen Gesichtspunkten miteinander vergleichen zu können, ist es notwendig, bei einer zweckmäßigen Versuchsmethode die Umformbedingungen systematisch aufeinander abzustimmen. Für die vorliegende Arbeit wurden deshalb bereits die bekannten Kalibrierungen, und zwar Raute-, Oval- und Trapez-Formen, so ausgeführt, daß außer der vorgegebenen Umformgeometrie, welche die Form und das Achsenverhältnis beinhaltet, alle sonstigen geometrischen Versuchsparameter (z. B. Walzendurchmesser und Kaliberquerschnitt) konstant waren. Die Achsenverhältnisse der Oval- und Raute-Kaliber waren im Sinne einer direkten Vergleichbarkeit gleich groß gewählt, soweit dies im Rahmen des betrieblichen Anwendungsbereiches sinnvoll war.

In Vorversuchen wurde jeweils jener Anstichquerschnitt ermittelt, der die Kaliber nach der Verformung zu 100 % füllt. Unter dieser Voraussetzung kann die Annahme gemacht werden, daß die Verformung bei annähernd vollständigem Formzwang abläuft.

Im Gegensatz zu den bislang angewandten Untersuchungsmethoden wurden für die vorliegende Arbeit Proben verwendet, die aus einer Anzahl gleich dicker, ebener Schichten zusammengesetzt waren. Jeweils eine Oberfläche der einzelnen Schichten und teilweise der Umfang der paketierten Anstichquerschnitte waren mit einem quadratischen Rasternetz versehen. Dadurch ist die Möglichkeit gegeben, örtliche Formänderungen direkt messen zu können, ohne darauf angewiesen zu sein, aus der Veränderung von beispielsweise Randschichten Rückschlüsse auf den im Innern herrschenden Stofffluß ziehen zu müssen. Diese Proben wurden stets so in den Walzspalt eingeführt, daß die Walzkraft als Normalkraft sowohl auf die Teilfugen als auch auf die Lamellen wirkt, um eine Materialtrennung während der Verformung auszuschließen. Die Teilungsebenen wurden vor der Endmontage der Proben mit einer alkoholischen Aufschlämmung von Chromoxyd bestrichen, um ein Verschweißen der einzelnen Schichten bei Warm-Formgebungstemperaturen zu verhindern. Diese neuentwickelte Verfahrensweise führte dazu, daß sich die Schichten gegenseitig nicht verschoben, so daß sich die Schichtproben während der Verformung wie Vollkörper verhielten. Überprüft wurde dies dadurch, daß

1. die Außenabmessungen von Schicht- und Vollproben, die unter gleichen äußeren Bedingungen gewalzt wurden, gleich waren;

2. die Raster auf der Oberfläche der einzelnen Lamellen nach der Verformung gegenseitig nicht verschoben waren und

3. die Rasterabdrücke, die durch die Verformung auf den ursprünglich ungerasterten Lamellenflächen erzeugt wurden, scharf und formtreu waren. Diese Rasterabdrücke sind spiegelbildliche und erhabene Abdrücke der vertieft aufgebrachten Raster der benachbarten Lamellenflächen.

Nach der Verformung waren alle Rasterlinien in Walzrichtung gerade und alle Querlinien räumlich gekrümmt. Ein für die weitere Versuchsauswertung wesentliches Ergebnis war, daß die gemessenen, über den Querschnitt verteilten, örtlichen Längsformänderungen innerhalb der einzelnen Walzproben gleich waren. Der jeweils absolute Wert der Streckung der einzelnen Kaliber war selbstverständlich in Abhängigkeit von der Umformgeometrie unterschiedlich groß.

Wenn die Streckung im gesamten Querschnitt eines Stabes gleich ist und einen bestimmten Wert hat, kann nach dem Gesetz der Volumenkonstanz der örtliche Formänderungszustand entweder durch die örtliche Höhen- oder Breitenveränderung gekennzeichnet werden. Da die Krümmung der einzelnen Lamellen auf der Ober- und Unterseite verschieden ist, haben die Schichten über die Breite eine unterschiedliche Dicke, und außerdem sind zugehörige Raster von Ober- und Unterseite der Lamellen gegeneinander verschoben. Daher bereitet die Festlegung eines dem Rasternetz zugeordneten Meßortes Schwierigkeiten, wodurch die für die Bestimmung der örtlichen Höhenabnahme notwendige Genauigkeit einer Dickenmessung beeinträchtigt wird. Eine Bestimmung der örtlichen Formänderungen in Breitenrichtung durch Messung von Rasterabständen vor und nach der Verformung erscheint deshalb zweckmäßig.

Um die tatsächlichen Abstandsänderungen zu ermitteln, wurden - wegen der gewölbten Linienzüge - die Raster auf eine Spezial-Abdruckfolie übertragen. Dieses Verfahren - bislang nur in der Elektronenmikroskopie angewendet - erlaubt es, Abstandsänderungen an gewölbten Ebenen direkt zu ermitteln, ohne Umweg über eine ebene Projektion.

Unabhängig von der Umformgeometrie ist bei allen durchgewalzten Versuchsstäben festgestellt worden, daß die örtlichen Breitenformänderungen jeweils von den äußeren zu den mittleren Schichten zunehmen, wenn man, über die Breite gesehen, geometrisch gleichartige Querschnittsteile miteinander vergleicht. Vergrößert man bei gleicher Form eines Kalibers oder eines Anstichquerschnittes das Achsen- bzw. Abmessungsverhältnis, so nehmen die Beträge der örtlichen Formänderungen vergleichbarer Querschnittsteile zu. Die Absolutwerte der örtlichen Breitung sind bei den im vorliegenden Falle quadratischen Rückstichen jeweils kleiner als bei den Vorstichen (Raute; Oval; Trapez). Je größer das b/h-Verhältnis, desto größer ist die Differenz der örtlichen Breitung zwischen Rand und Mitte des Walzgutes.

Die Kaliberform bzw. die Form der Eintrittsquerschnitte ist dagegen entscheidend für die charakteristische Verteilung der örtlichen Breitenformänderungen.

Walzt man quadratische Stäbe in Raute-Kalibern, so zeigt sich in den einzelnen Schichten nach der Verformung, daß die örtliche Breite vom seitlichen Rand zur Mitte zunimmt. Eine ähnliche Verteilung der Breitung wurde bei den Rückstichen (rautenförmige Stäbe, die in Quadrat-Kalibern verformt werden) beobachtet.

Bei Oval-Stichen dagegen verringern sich die Abstände der verformten Rasternetze innerhalb der gerasterten Ebenen von der "freibreitenden Seite" bis zur vertikalen Mitte. Bezogen auf die Ausgangsabstände der Raster ergibt sich bei Oval-Kalibern mit kleinen Achsenverhältnissen eine örtliche Materialaufstauchung in Breitenmitte. Im seitlichen Randbereich breitet der Werkstoff. Mit zunehmendem Achsenverhältnis werden der Bereich der Materialaufschiebungen und die Größe der Stauchung vergleichbarer Flächenbereiche kleiner. Die Breitung nimmt zum Rande zu, sowohl im Betrag als auch über die anteilige Querschnittsfläche gesehen. Hat das b/h-Verhältnis einen Wert von 3,5 erreicht, so breitet der gesamte Querschnitt, wobei die mittleren Lamellen (außerdem) zusätzlich einen Abfall der Breitung im seitlichen Randbereich zeigen.

Verformt man diese Oval-Stäbe mit einem Abmessungsverhältnis von 3,5 anschließend im Quadrat-Kaliber, dann nimmt die Verteilung der örtlichen Breitenformänderungen in den jeweiligen Höhenbereichen vom Rand zur Mitte zu. Bei einem Abmessungsverhältnis von 1,4 verläuft die Verteilung umgekehrt, wobei die äußeren Schichten in der Mitte in Breitenrichtung aufgestaucht werden. Der Rückstich von Oval-Stäben, deren Achsenverhältnis 2,1 beträgt, zeigt beim Verformen im Quadrat-Kaliber gegenüber den dargestellten Quadrat-Stichen eine Besonderheit: Die Größe der örtlichen Breitenänderung ist über die Breite der einzelnen Lamellen gleich groß; sie nimmt insgesamt von der jeweils mittleren zur oberen und unteren Schicht fortlaufend ab.

Eine weitere Art der Formänderungsverteilung wurde bei Stichen Quadrat-Trapez beobachtet. Im mittleren Bereich der oberflächennahen Schichten hat die örtliche Teilbreitung eine gleiche Größe; an den Rändern wird jeweils ein Maximum festgestellt. Die mittleren Schichten weisen die größte örtliche Formänderung in Breitenmitte auf. Die in den oberflächennahen Lamellen festgestellte Formänderungsverteilung geht über Zwischenformen in jene der Mittelschicht über. Bei den Rückstichen Trapez-Quadrat nimmt die örtliche Breitung vom Rand der oberflächlichen Lamellen zur Mitte zu. Der gleiche Verlauf ist bei der Verformung von Schlichtovalproben im Fertigrund beobachtet worden.

Eine Gegenüberstellung aller Ergebnisse ergibt in Breitenrichtung im wesentlichen zwei Arten der örtlichen Formänderungsverteilung über die Breite der gerasterten Schichten nach der Verformung:

1. die Länge der Teilstrecken nimmt vom Rand zur Mitte zu (Quadrat-Raute-Quadrat; schlanke Ovale-Quadrat; Oval-Rund);

2. die Länge der Teilstrecken nimmt vom Rand zur Mitte ab (Quadrat-Oval; gedrungene Ovale-Quadrat).

Abweichend von diesen beiden Arten sind auch andere Verteilungen gefunden worden, bei z.B. den Stichen Oval ($b/h = 2,1$) in Quadrat-Kalibern, Quadrat in Trapez-Kalibern und Trapez in Quadrat-Kalibern; diese Verteilungen müssen als Zwischenformen angesehen werden.

Die Ursache für den verschiedenartigen Verlauf der Formänderungen ist die Art der Krafteinleitung. Bei allen Stichen nach der Art Quadrat-Raute wirkt die Walzkraft von zwei Berührungspunkten ausgehend auf das Walzgut. In Oval-Kaliber eingeführte Quadratstäbe werden an vier Punkten ergriffen; dadurch entsteht ein Querdruck. Ähnliche Verhältnisse sind dann vorhanden, wenn die Walzkraft bereits über Kontaktflächen beim Eintritt des Walzgutes in den Walzspalt wirksam ist, wie z.B. bei Ovalproben des Abmessungsverhältnisses 2,1, die in quadratischen Kalibern, und bei Quadratproben, die in Trapez-Kalibern verformt werden. Die Art der Krafteinleitung ist abhängig von der Zuordnung der Geometrie des Eintrittsquerschnittes zur Kalibergeometrie. Durch die Geometrieverhältnisse wird ein Spannungszustand vorgegeben, der sich vom Eintritt bis zum Austritt des Walzgutes aus den Walzen örtlich verändert. Da eine Veränderung des Kaliberfüllungsgrades den Spannungszustand beeinflußt, muß für den Vergleich der ermittelten örtlichen Formänderungsverteilungen im Auge gehalten werden, daß bei diesen Untersuchungen stets eine Kaliberfüllung von 100 % verwirklicht wurde.

Aus der schematischen Gegenüberstellung der Stofffluß-Verteilungen geht hervor, daß bei der Kaliberfolge Quadrat-Raute-Quadrat bevorzugt die diagonalen Bereiche des Querschnittes örtlich verformt werden, wobei sich der Größtwert stets im Flächenkern befindet. Der Verlauf der örtlichen Formänderungen der Quadrat-Trapez-Folge entspricht in erster Näherung jenem der Quadrat-Raute-Stichfolge. Ein Unterschied wurde jedoch innerhalb der oberflächennahen Schichten beobachtet, dergestalt, daß die Randbereiche einer erhöhten Breitung unterliegen. Eine Zunahme der Breitung zum Rand hin ist prinzipiell bei den Stichen Quadrat-Oval aufgetreten. Je nach Wahl des Abmessungsverhältnisses der Ovalstiche kann, wie aus der Gegenüberstellung hervorgeht, die Stoffflußverteilung verändert bzw. ein bestimmter Verlauf erreicht werden. Es ist eine wesentliche Erkenntnis, daß innerhalb der Quadrat-Oval-Quadrat-Folge gezielt durch Veränderung des Achsenverhältnisses der Stofffluß bzw. die örtlichen Teilformänderungen im Querschnitt beeinflußt werden können; ein Vorteil, der aus der Sicht der Verformungsvorgänge eindeutig für die

Anwendung der Kaliberfolge Quadrat-Oval spricht; des weiteren wird bei zweckmäßiger Wahl der Achsenverhältnisse der gesamte Querschnitt des Walzgutes gleichmäßig verformt. Bei Kenntnis der gefundenen Zusammenhänge sind allerdings auch Kombinationen von Kaliberformen außerhalb der bislang üblicherweise angewendeten Kaliber denkbar. In jedem Quadrat-Oval-Stich herrscht ein erhöhter Querdruck, wodurch die Gefahr gemindert wird, daß bei der Verformung der Kern aufreißt. Die Oberfläche bei Stichen Quadrat-Oval wird lediglich an den zwei freibreitenden Quadratseiten aufgestaucht, während beim Walzen in der Stichfolge Quadrat-Raute der gesamte Umfang zusammengeschoben wird.

Entgegen der allgemeinen Ansicht, daß bei kleineren Achsenverhältnissen und dadurch bedingten kleineren Gesamtstreckgraden der Werkstoff schonender verformt wird, kann an Hand der Meßergebnisse bei der Stichfolge Quadrat-Oval gezeigt werden, daß u. U. ein größeres Achsenverhältnis ($b/h = 2,1$) in Walzspaltnähe durchaus kleinere Stauchungen an der Oberfläche zur Folge haben kann, als dies bei Kalibern mit geringerem Achsenverhältnis und damit geringerer Streckung der Fall ist.

Selbst unter der Annahme, daß Fältelungen bevorzugt am Walzspalt auftreten, ist der Quadrat-Oval-Folge der Vorzug zu geben, da nach Durchlaufen dieser Kaliberfolge diese kritischen Gebiete gleichmäßig über den Umfang verteilt sind, so daß die schädigende Wirkung einer Fältelung eine geringere Tiefe erreicht, als beim Walzen in der Quadrat-Raute-Folge. Dort wechselt die Kaliberteilung stets über die Diagonalen. Je nach Vormaterial kann nunmehr eine zweckmäßige Kaliberauswahl getroffen werden, im Hinblick auf eine gleichmäßige Gefügeausbildung, der Schließung von Hohlräumen sowie der Vermeidung von Fältelungen.

Nachdem die Formänderungsverteilungen für die wesentlichen Streckkaliber geklärt sind, können die einzelnen Streckkaliber gütemäßig nach verformungskundlichen Gesichtspunkten beurteilt werden. Damit ist eine Basis geschaffen, um eine seit langem erwartete Bewertung der einzelnen Kaliber vornehmen zu können.

Die vorliegenden Ermittlungen sind eine wesentliche Hilfe, um für den einzelnen Walzfall gezielte kalibrierungstechnische Maßnahmen zu treffen, auch dann, wenn für die betriebliche Anwendung teilweise Erwägungen wie z.B. eine gute Umführbarkeit des Walzgutes, die Möglichkeit den Walzablauf mechanisieren und den Verschleiß der Kaliber verringern zu können, im Vordergrund stehen.

8. Literaturverzeichnis

(1) Tresca, H.: Mémoires sur l'écoulement des corps solides. Paris: Noblet et Baudry (1865) 6; s. a.: Extrait des Annales du conservatoire des Arts et Métiers T. 6.

(2) Saint-Venant: Differentialgleichungen der Plastikodynamik. Comptes rendus 1870.

(3) Kneschke, A.: Zur hydrodynamischen Theorie des Warm-Walzens. Arch. Eisenhüttenwes. 29 (1958) 1, S. 11/22.

(4) Kick, F., u. F. Polak: Beiträge zur Kenntnis der Mechanik weicher Körper. Dingler (1877) S. 465; (1879) S. 257.

(5) Riedel, F.: Über den Walzvorgang. Stahl u. Eisen 37 (1917) 50, S. 1133/36.

(6) Blass, E.: Beitrag zur Theorie der Abnahmekoeffizienten bei der Walzenkalibrierung. Stahl u. Eisen 2 (1882) 5, S. 189/91; 6, S. 233; 7, S. 283.

(7) Brovot, A.: Das Kalibrieren der Walzen. Verlag Arthur Felix, Leipzig 1903.

(8) Hübers, H.: Das Verhalten einiger technischer Eisensorten beim Druckversuch. Ber. Walzw.-Aussch. Verein Deutscher Eisenhüttenleute Nr. 32 (1922).

(9) Siebel, E.: Die Formgebung im bildsamen Zustand. Verlag Stahleisen mbH, Düsseldorf 1932.

(10) Lange, H.: Die Formänderungen in der Grenzschicht beim Kalt-Stauchen metallischer Körper und ihre Bedeutung bei plastischer Verformung. Diss. TH Aachen 1962.

(11) Falk, A.: Die Theorie der Materialwanderung beim Walzen und Schmieden. Stahl u. Eisen 32 (1912) 20, S. 816/22; 21, S. 863/67.

(12) Preußler, H.: Zur Frage der bildsamen Formänderung. Ber. Walzw.-Aussch. Verein Deutscher Eisenhüttenleute Nr. 36; vgl. Stahl u. Eisen 45 (1925) 34, S. 1423/28.

(13) Nebe, G.: Über die Spannungs- und Formänderungsverteilung beim Stauchen. Diss. TH Aachen 1965; vgl. Fortschr.-Ber. VDI-Z. 2 (1965) 5.

(14) Tafel, W.: Walzen und Walzenkalibrieren. Verlag Fr. Wilh. Ruhfus, Dortmund 1921.

(15) Kick, F.: Vorlesungen über schematische Technologie. Leipzig u. Wien 1898.

(16) Hollenberg, A.: Bemerkungen zu den Vorgängen beim Walzen von Eisen. Stahl u. Eisen 3 (1883) 2, S. 121/22.

(17) Metz, N.: Experimentelle Untersuchungen über den Walzvorgang. Stahl u. Eisen 46 (1926) 14, S. 476/78.

(18) Kettner, H.: Stofffluß-Untersuchungen an Stäben mit Vollquerschnitt beim Warm-Walzen auf der Flachbahn. Fortschr.-Ber. VDI-Z. 2 (1965) 3.

(19) Tarnovskii, I., A.A. Pozdeyer u. V.B. Lyashkov: Deformation of metals during rolling. Verlag Pergamon Press, Oxford, London, Frankfurt 1965.

(20) Orowan, E.: The calculation of roll pressure in hot and cold flat rolling. Proc. Inst. Mech. Engr. CL 4 (1943).

(21) Muzalevskii, O.G.: Investigations of the velocities of the flow of metal in the zone of deformation during hot rolling of aluminium alloys. Trudy MATI Nr. 21 (1951).

(22) Siebel, E.: Kräfte und Materialfluß bei der bildsamen Formgebung. Stahl u. Eisen 45 (1925) 37, S. 1563/66.

(23) Puppe, J.: Verdrängtes Volumen und Walzarbeit. Stahl u. Eisen 34 (1914) 40, S. 1545/51; 41, 1575/78.

(24) Dahl, W., E. Wildschütz u. W. Schiffgen: Die Ausbildung der Seitenflächen beim Warm-Walzen mit freier Breitung. Arch. Eisenhüttenwes. 39 (1968) 7, S. 501/09; 39 (1968) 8, S. 577/86.

(25) Schmitt, H.-G.: Über den Einfluß der Verformungsbedingungen auf den Werkstofffluß und das Ausbringen beim Walzen von schweren Vorbrammen. Diss. TH Aachen 1962.

(26) Vater, M., H. Kettner u. H. Dißelmeyer: Ermittlung der Formänderungen an gegossenen Blöcken und Brammen beim Walzen auf einer ausgeführten Block-Brammen-Straße und an vorgewalzten Modellstücken auf einem Versuchswalzwerk. Bänder Bleche Rohre (1964) 6, S. 299/307.

(27) Geuze, L.: Traité théorique et pratique du laminage du fer et de l'acier. Paris 1900.

(28) Scheld, E.: Das Breiten beim Walzen. Stahl u. Eisen 30 (1910) 10, S. 415/19.

(29) Falk, A.: Die Breitung des Eisens in Glattwalzen. Stahl u. Eisen 30 (1910) 47, S. 1986/93.

(30) Siebel, E.: Grundlagen zur Berechnung des Kraft- und Arbeitsbedarfs beim Schmieden und Walzen. Stahl u. Eisen 43 (1923) 41, S. 1295/98.

(31) Trinks, W.: Roll Pass Design 1941, Vol. I, S. 89/91.

(32) Tafel, W., u. H. Sedlaczek: Das Breiten beim Walzen. Stahl u. Eisen 45 (1925) 6, S. 190/93.

(33) Ekelund, S.: Einige dynamische Erscheinungen beim Walzen. Jernkont. Ann. 111 (1927) S. 39/97.

(34) Tafel, W., u. W. Knoll: Die Klärung der Breitungsfrage beim Walzen mit Hilfe der Spannungsflächenhypothese. Metallwirtschaft 10 (1931) S. 799/806.

(35) Riedel, F.: Das Berechnen der Breitung beim Walzen. Stahl u. Eisen 56 (1936) 52, S. 1551/56.

(36) Roux, J.: Etude sur le phénomene de l'élargissements dans les laminoirs. Rev. de Métallurgie 36 (1939) S. 251/70.

(37) Marini, A.: Neue Walztheorie. Metallurgia Ital. 33 (1941) S. 292/309.

(38) Gubkin, S. I.: Theorie der Bearbeitung der Metalle unter Druck. Verlag Metallurgisdat, Moskau 1947.

(39) Bachtinow, B. P., u. M. M. Shternov: Walzenkalibrierung. Staatlich-wissenschaftlich-technischer Verlag für Literatur der Stahl- und Buntmetallurgie, Moskau 1953.

(40) Wusatowski, Z.: Druck, Breitung und Streckung beim Warm-Walzen. Metall- und Gießereitechnik 3 (1953) S. 213/20.

(41) Hill, R.: BISRA Report MW/A/10/56.

(42) Zelikow, A.J.: Einfluß der äußeren Zonen auf die Breitung und die Verteilung der Geschwindigkeit und der Spannungen über die Breite des zu walzenden Bandes. Sammelband der Baumann-Hochschule: Walzwerksmaschinen und Walztechnologie, Nr. 80, Verlag Maschgiz, Moskau 1957.

(43) Grischkow, A.I.: Untersuchung der Breitung beim Walzen auf glatten Walzballen. Sammelband der Baumann-Hochschule: Walzwerksmaschinen und Walztechnologie, Nr. 80, Verlag Maschgiz, Moskau 1957.

(44) Koncewicz, S.: Analyse und Vergleich von Breitungsformeln beim Warm-Walzen. Zeszyty Nankowe Politeckniki Slaskiej, Mechanika, 3, S. 47/63.

(45) Geleji, A.: Bildsame Formgebung der Metalle in Rechnung und Versuch. Akademie-Verlag, Berlin 1961, S. 279 ff..

(46) Sparling, L.G.M.: Formula for spread in hot flat rolling. Proc. Inst. Mech. Engr. 175 (1961) S. 604/40.

(47) Pomp, A., u. G. Weddige: Warm-Walzversuche an Kohlenstoff- und hochlegierten Stählen bei verschiedenen Walzbedingungen. Mitt. KWI-Eisenforsch. 19 (1937) 5, S. 65/86; s. a.: Pomp, A., u. W. Lueg: Warm-Walzversuche an einem Kohlenstoffstahl und drei legierten Stählen. Mitt. KWI-Eisenforsch. 21 (1939) 10, S. 171/80.

(48) Siebel, E., u. E. Fangmeier: Versuche über den Formänderungswiderstand und den Formänderungsverlauf beim Warm-Walzen von kohlenstoffarmen Flußstahl im Temperaturbereich von 700 bis 1200 °C. Mitt. KWI-Eisenforsch. 12 (1930) 15, S. 225/44.

(49) Grosse, W., u. H. Gottwald: Der Einfluß von Kohlenstoff, Mangan, Chrom, Nickel und Molybdän auf das freie Breiten von Stählen. Stahl u. Eisen 79 (1959) 12, S. 855/65.

(50) Spenlé, A.: Das Breiten beim Walzen bei verschiedenen Walzgeschwindigkeiten und Stahlzusammensetzungen. Stahl u. Eisen 56 (1936) 19, S. 544/49.

(51) Emicke, O., u. E. Pachaly: Das Breiten beim Walzen in Abhängigkeit von Walzgeschwindigkeit, Walzendurchmesser und Stahlzusammensetzung. Stahl u. Eisen 56 (1936) 21, S. 589/99.

(52) Cabane, M.: Contribution à l'étude de l'écoulement des acier spéciaux au cours du laminage. Rev. de Métallurgie 47 (1950) S. 930/36.

(53) Anke, F.: Abwandlung bekannter Kaliberreihen für die Warmformung von Edelstählen. Bänder Bleche Rohre 6 (1965) 3, S. 122/26.
(54) Cotel, E.: Die Grundlagen des Walzens. Verlag W. Knapp, Halle/Saale 1930.
(55) Metz, N.: Experimentelle Untersuchungen über den Materialfluß beim Walzen. Stahl u. Eisen 47 (1927) 44, S. 1872/74; vgl. Arch. Eisenhüttenwes. 1 (1927) S. 193/204.
(56) Metz, N.: Experimentelle Untersuchungen des Walzvorganges. Umschau Stahl u. Eisen 43 (1923) 28, S. 914/16.
(57) Tafel, W., u. G. Pajunk: Ermittlung des Breitungsverlaufes in den waagerechten Schichten von Walzkörpern. Stahl u. Eisen 47 (1927) 38, S. 1562/65.
(58) Unckel, H.: Über den Fließvorgang beim Warm-Walzen von Stangen. Arch. Eisenhüttenwes. 11 (1937) 1, S. 11/17.
(59) Unckel, H.: Beitrag zur Kenntnis des Werkstoffflusses beim Walzvorgang. Arch. Eisenhüttenwes. 10 (1936) 1, S. 13/18.
(60) Körber, F., O. Emicke u. E. Siebel: Der Walzvorgang. Handbuch des Walzwerkswesens; hrsg. J. Puppe u. G. Stauber, Bd. 2, Verlag Stahleisen, Düsseldorf 1934.
(61) Weiß, L.: Die Fließlinien des Walzvorganges. Z. Metallkde. 17 (1925) 7, S. 229; 20 (1928) 8, S. 302.
(62) Gokyu, I., u. Y. Saito: Untersuchung über den Verformungsverlauf beim Warm-Walzen in Kalibern an Hand von Modellversuchen. Tetsu to Hagane 53 (1967) 6, S. 599/610.
(63) Aoki, I., u. S. Yanagimoto: Strain distribution of diamond-diamond and oval-oval methods of rolling. Sosai to Koka. J. Jap. Soc. f. Techn. of Plast. 10 (1969) 102, S. 479/87.
(64) Neuhauß, M.: Über das Formänderungsverhalten von Stählen beim Walzen auf der Flachbahn und in Kalibern. Diss. TH Aachen 1963.
(65) Cramer, H.: Oberflächenfehler auf Walzgut. Stahl u. Eisen 53 (1933) 38, S. 973/81.
(66) Leder, G.: Zusammenfassender Kurzbericht über die Walzung und die Untersuchungen an Stabstahl mit einem Durchmesser von 20 mm. Europäische Gemeinschaft für Kohle und Stahl - Hohe Behörde; Internationale Forschungen im Walzwerk, Unterkommission Stabstahl, Luxemburg, Mai 1959, S. 23/48.
(67) Köhler, W., u. H. Gorges: Die Beeinflussung von Fehlererscheinungen bei gezogenem Draht der Qualität Muk 15 durch verschiedene Verformungsarten beim Walzen in erster Hitze. Hoesch-Berichte aus Forschung und Entwicklung unserer Werke (1967) 1, S. 27/36.
(68) Eisenhütte, 5. Aufl., Berlin 1961.
(69) Schneider, E.: Ermittlung und Gestaltung von Streckkaliberreihen zum Walzen von Massenstahl auf kontinuierlichen Feinstraßen. Bänder Bleche Rohre 6 (1965) 4, S. 177/84.
(70) Schneider, E.: Die Qualitätsfrage bei der Verarbeitung von Massenstahl auf modernen Walzenstraßen. Draht-Welt 55 (1969) 8, S. 485/93.
(71) Moreschini, C.: Maßnahmen zur Fehlerausschaltung an Rundprofilen und zur Produktionssteigerung im Walzwerk. Der Kalibreur (1969) 10, S. 39/64.
(72) Dietl, W.: Zur Technik des Drahtwalzens - Entwicklung und heutiger Stand. Der Kalibreur (1967) 6, S. 29/58.
(73) Babilon, A.: Maßnahmen zur Leistungssteigerung und Entwicklung der Walzenkalibrierung an einer kontinuierlichen Morgan-Drahtstraße; veröffentlichter Bericht, vorgetragen auf der 15. Sitzung des Arbeitskreises Kalibrieren des VDEh am 12. Dez. 1969.
(74) Grüner, P.: Seigerungs- und Kernzonengrenzen. Masch.-Markt 67 (1961) 68, S. 37/41; 77, S. 21/25; 86, S. 31/43; 92, S. 17/25.
(75) Gredt, G.: Über die Materialverschiebungen beim Walzen. Stahl u. Eisen 43 (1923) 47, S. 1443/49.
(76) Sachs, G., u. E. Seidl: Örtlicher Massenausgleich unter der Wirkung örtlich angreifender Kräfte in Technik und Geologie. Die Naturwissenschaften 13 (1925) S. 1033/40.
(77) Vater, M.: Neue Ergebnisse der Stoffflußforschung bei der bildsamen Formgebung metallischer Werkstoffe. Techn. Mitt. 59 (1966) 10, S. 500/07.
(78) Pavlovskih, V. J.: Untersuchungen des Formänderungsverlaufs in I-Kalibern mittels radioaktiver Phosphorisotope. Stal in Deutsch 5 (1965) 5, S. 455/57.

(79) Vollmacher, H.: Verformungsverhältnisse bei der Thyssenschen Schienenkalibrierung. Stahl u. Eisen 72 (1952) S. 611/15.
(80) Mican, G. S.: Deformation in rolling. Iron Steel Eng. (1949) S. 53/79.
(81) Bühler, G., J. Burmester u. A. Rose: Eigenspannung durch Austenitformhärten. Schmiedetechn. Mitt. in Ind.-Anz. 91 (1969) 11, S. 43/46.
(82) Pawelski, O.: Über das Stauchen von Hohlzylindern und seine Eignung zur Bestimmung der Formänderungsfestigkeit dünner Bleche. Arch. Eisenhüttenwes. 38 (1967) 6, S. 437/42.
(83) Sax, H.: Das Warm-Walzen von Profilen in einem Stich. Diss. TH Aachen 1968.
(84) Pawelski, O., u. E. Neuschütz: Beitrag zu den Grundlagen des Walzens in Streckkalibern. Forsch.-Ber. d. Landes NRW Nr. 1775, Westdeutscher Verlag Köln u. Opladen.
(85) Brill, K.: Anwendung von Modellwerkstoffen zur Ermittlung der geometrischen und dynamischen Versuchsgrößen beim Gesenkformen. Schmiedetechn. Mitt. in Werkstattstechn. 53 (1963) 10, S. 537/42.
(86) Schulte, O.: Das neue Institut für Bildsame Formgebung der Technischen Hochschule Aachen. Stahl u. Eisen 79 (1959) S. 1867/69.
(87) Sedlaczek, H.: Einweihung des Instituts für Bildsame Formgebung der Technischen Hochschule Aachen. Stahl u. Eisen 57 (1937) S. 704/05.
(88) Wusatowski, Z.: Grundlagen des Walzens. VEB Deutscher Verlag für Grundstoffindustrie, Leipzig 1963.
(89) Holzweiler, M.: enthalten in (88).
(90) Mercader, E.: Berechnung der Streckovalkaliber. Stahl u. Eisen 44 (1924) 14, S. 361/63.
(91) Mercader, E.: Metallfluß während des Walzvorganges. Iron Age 121 (1928) S. 666 u. 710.
(92) Dehez, J.: Walzenkalibrierungen. Verl. Stahleisen, Düsseldorf 1919.
(93) Cramer, H.: Der Einfluß einiger Kalibrierungsarten auf das Entstehen von Druckfaltungsrissen bei Walzstäben. Stahl u. Eisen 55 (1935) 30, S. 797/805.
(94) Büdenbender, G.: Über den Temperaturverlauf beim Walzen kleiner Querschnitte auf einer kontinuierlichen Drahtstraße. Diss. TH Aachen 1969.
(95) Krämer: Untersuchung der Berechnungen für ein stetiges Walzen von Rohlingen in einem runden Kaliber. Ind. Anz. 88 (1966) 57, S. 1317.
(96) Kösters, F.: Beitrag zur Bewertung von Streckkaliberreihen. Klepzig-Fachber. (1969) 140, S. 630/39.
(97) Maier, A. F.: Einfluß des Spannungszustandes auf das Formänderungsvermögen der metallischen Werkstoffe. Diss. TH Stuttgart 1934.
(98) Stenger, H.: Über die Abhängigkeit des Formänderungsvermögens metallischer Werkstoffe vom Spannungszustand. Diss. TH Aachen 1965.
(99) Kroneis, M., u. T. Skamletz: Werkzeugformen zum Streckschmieden von schwer verformbaren Stählen. Stahl u. Eisen 83 (1963), S. 1546/53.

9. Abbildungen

Abb. 1: Versuchswalzwerk II des Institutes für Bildsame Formgebung der R-W TH Aachen

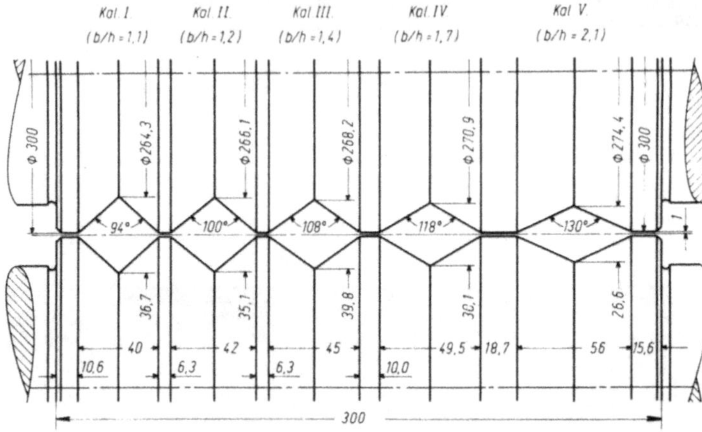

Abb. 2 a: Versuchswalzen Raute-Kaliber

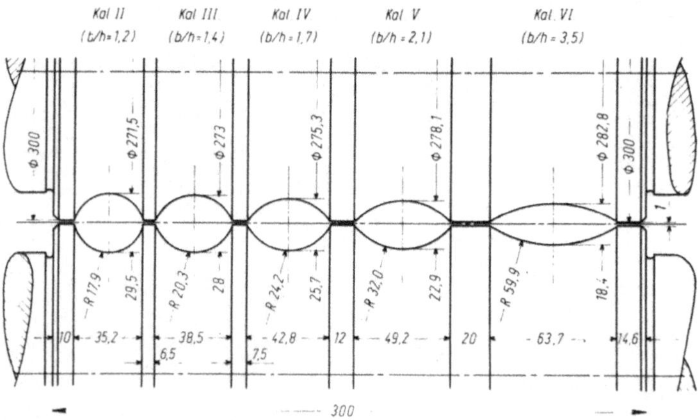

Abb. 2 b: Versuchswalzen Oval-Kaliber

Abb. 3: Einfluß des Achsenverhältnisses b/h auf den Streckgrad

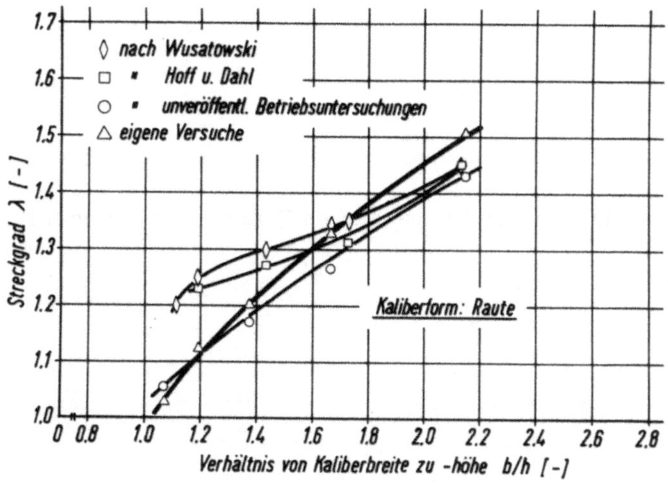

Abb. 3 a: Stichfolge - Quadrat-Raute

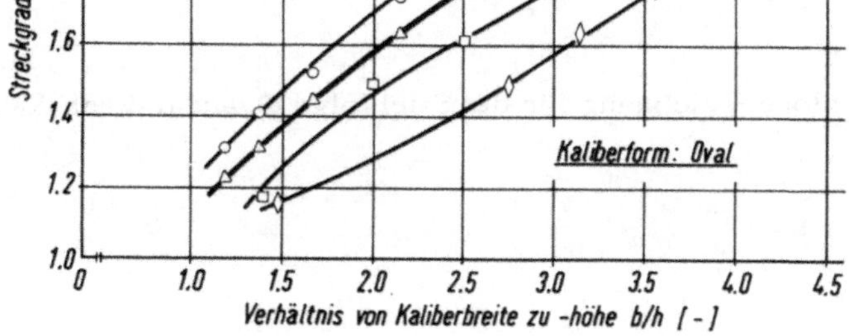

Abb. 3 b: Stichfolge - Quadrat-Oval

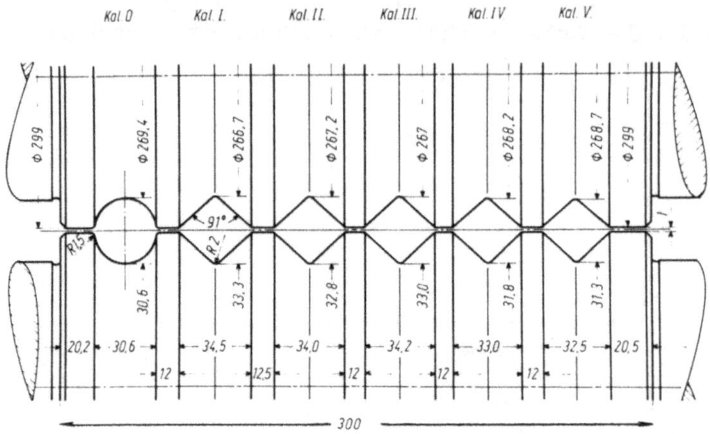

Abb. 4: Versuchswalze mit errechneten Quadrat- und einem Rundkaliber

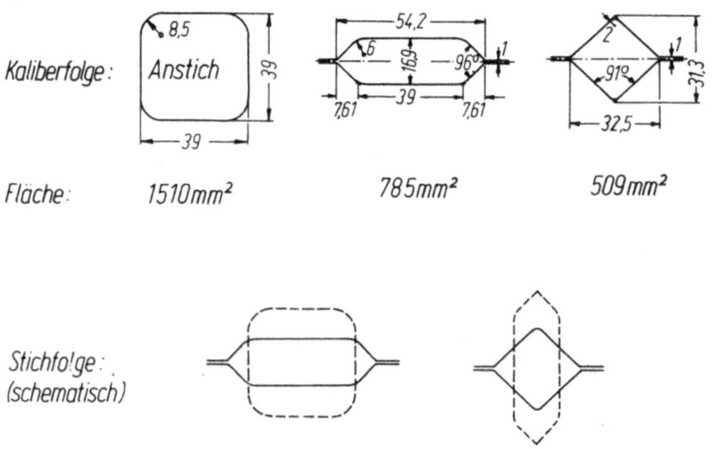

Abb. 5: Schablonenzeichnung für die Stichfolge Quadrat-Sechskant-Quadrat

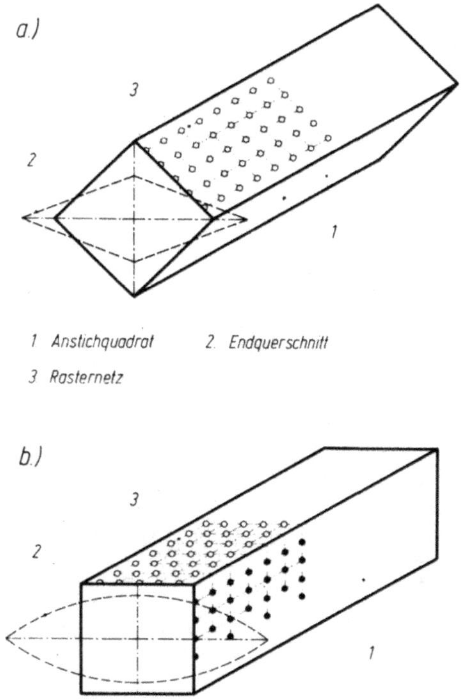

Abb. 6: Anordnung der Meßpunkte auf Quadratstäben

a) Stichfolge Quadrat-Raute
b) Stichfolge Quadrat-Oval

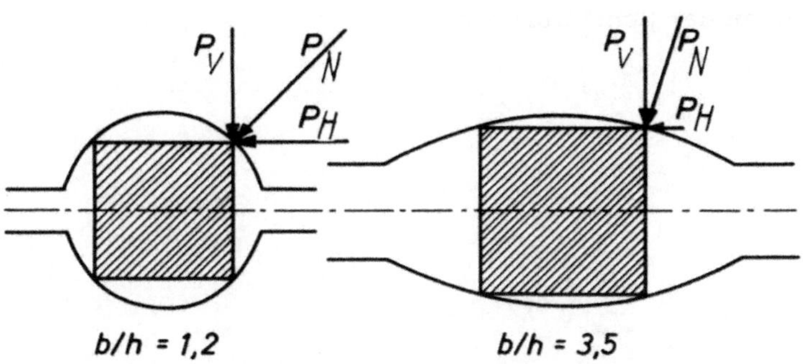

Abb. 7: Kraftangriff von Ovalkalibern am Quadratstab beim Greifen

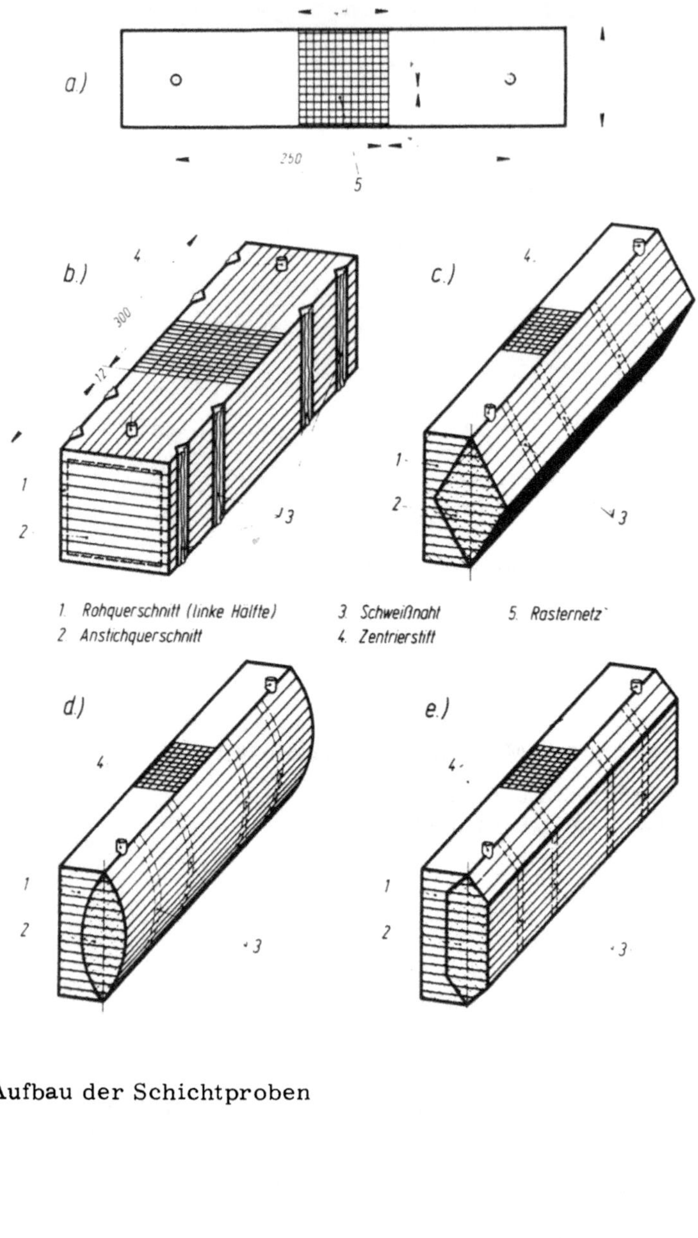

Abb. 8: Aufbau der Schichtproben

Abb. 9: Oval-Einführungen

Abb. 10: Rasternetz einer Lamelle nach dem Walzen; Vergrößerung von einer Triafol-Abdruckfolie

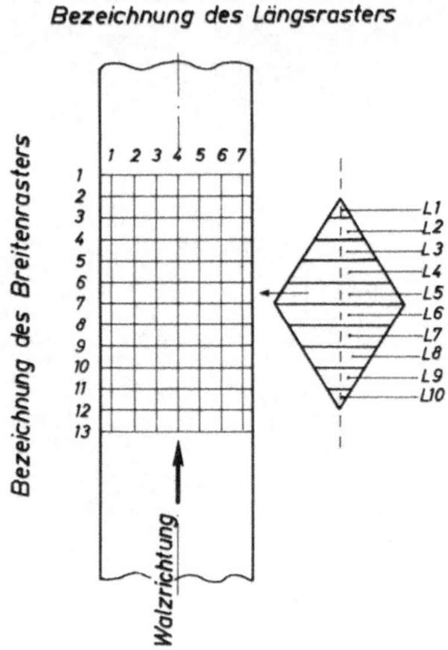

Abb. 11: Kennzeichnung der Raster und Lamellen

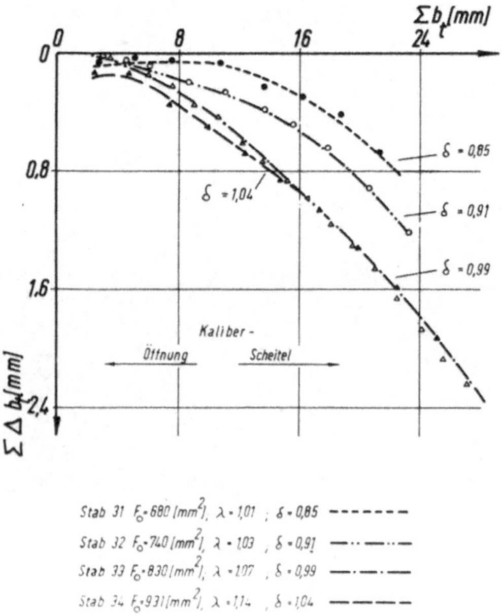

Abb. 12: Stofffluß in Breitenrichtung an der Oberfläche von im Rautekaliber (b/h = 1,4) gewalzten Quadratstäben

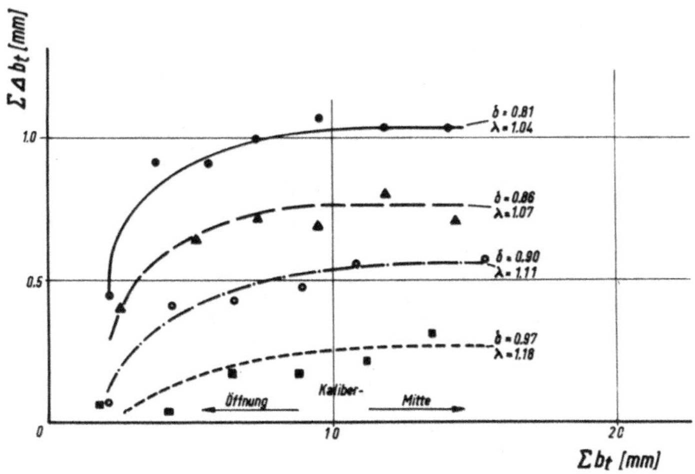

Abb. 13: Stofffluß in Breitenrichtung an der Oberfläche von im Ovalkaliber (b/h = 1,2) gewalzten Quadratstäben

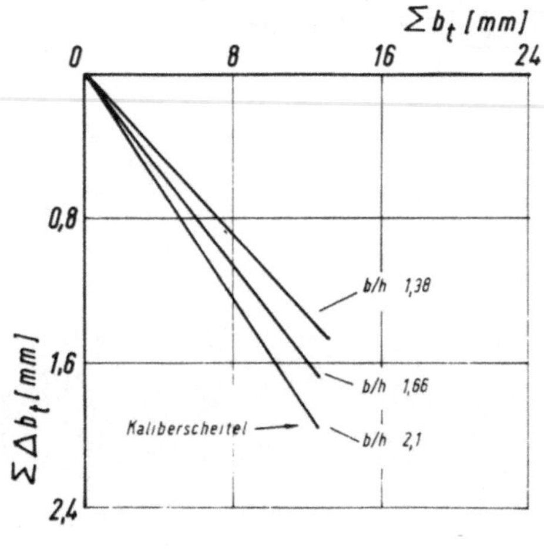

Abb. 14: Schema zur Kennzeichnung des Stoffflusses in Breitenrichtung an der Oberfläche von in Rautekalibern verschiedener b/h-Verhältnisse gewalzten Quadratstäben (Füllungsgrad = 100 %)

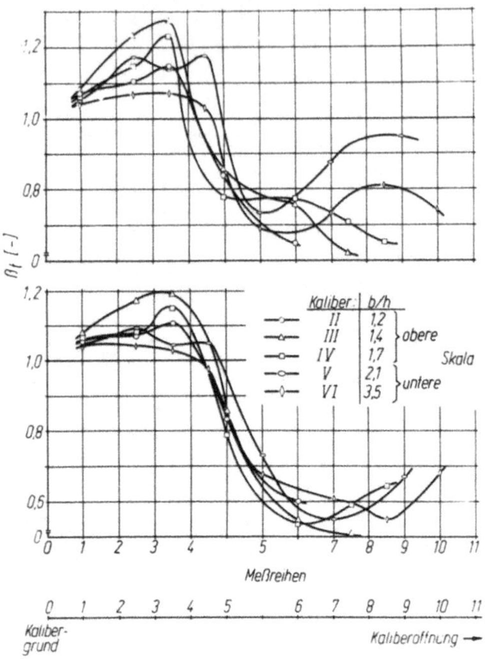

Abb. 15: Stofffluß in Breitenrichtung an der Oberfläche von in Ovalkalibern gewalzten Quadratstäben; Messung erfolgte:
oberes Teilbild: entlang des Kurvenverlaufes
unteres Teilbild: auf Geraden

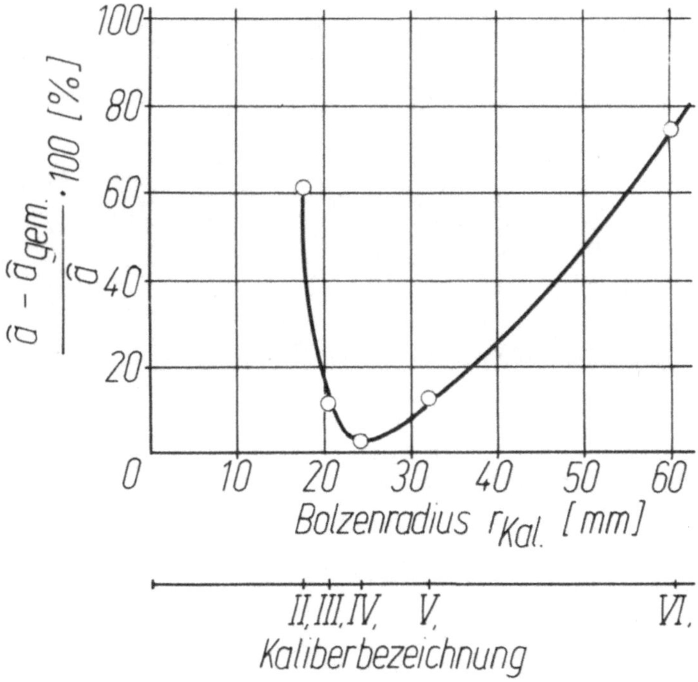

Abb. 16: Gleitung der Quadratseiten im Ovalkaliber. Vergleich der im Kalibergrund angelegten Quadratkanten $\hat{a}$ unter der Annahme sich starr verhaltender Quadratecken mit dem tatsächlich gemessenen Bogen ($\hat{a}_{gem}$)

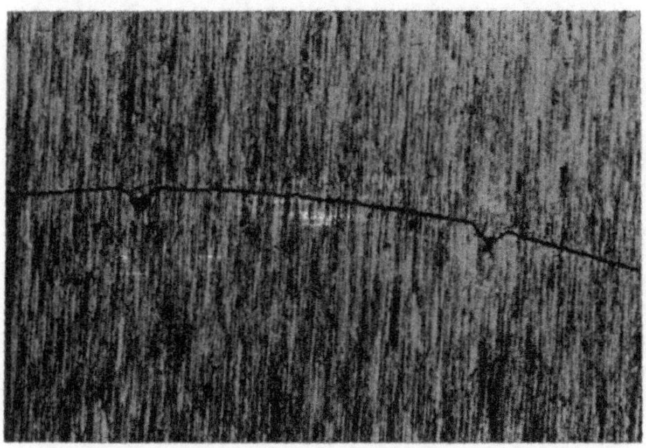

Abb. 17: Trennfuge zwischen zwei verformten Schichten (Querschliff)

Abb. 18: Abdruck von Rasterlinien auf die ursprünglich ungerasterte Schichtseite - linker Bildteil: Doppellinien zeigen ein Gleiten der Schichten gegeneinander

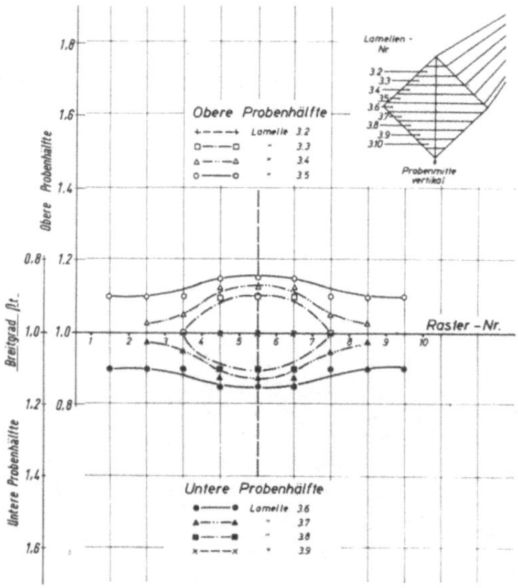

Abb. 19: Breitenänderung im Innern der Stichfolge Quadrat-Raute Raute - b/h = 1,4

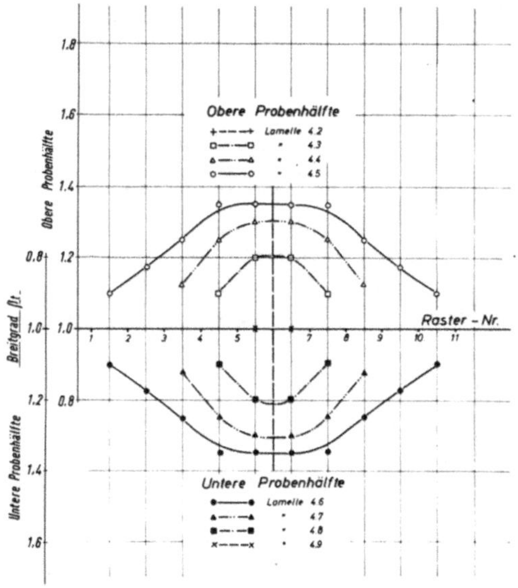

Abb. 20: Breitenänderung im Innern der Stichfolge Quadrat-Raute
Raute - b/h = 1,7

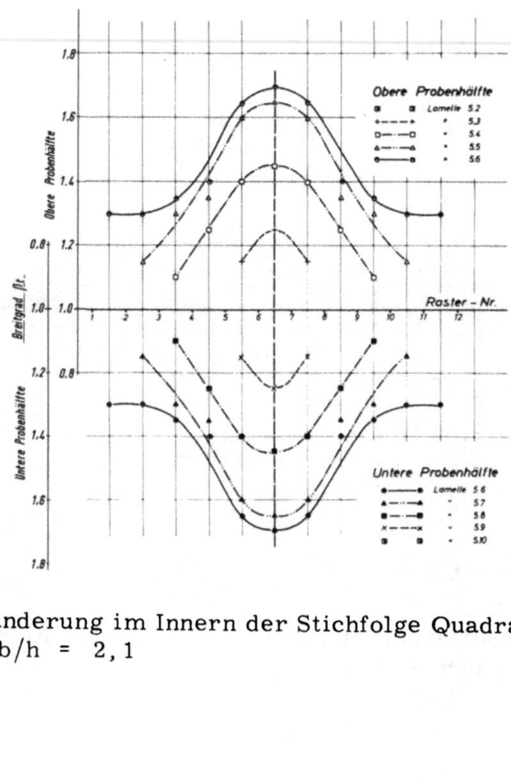

Abb. 21: Breitenänderung im Innern der Stichfolge Quadrat-Raute
Raute - b/h = 2,1

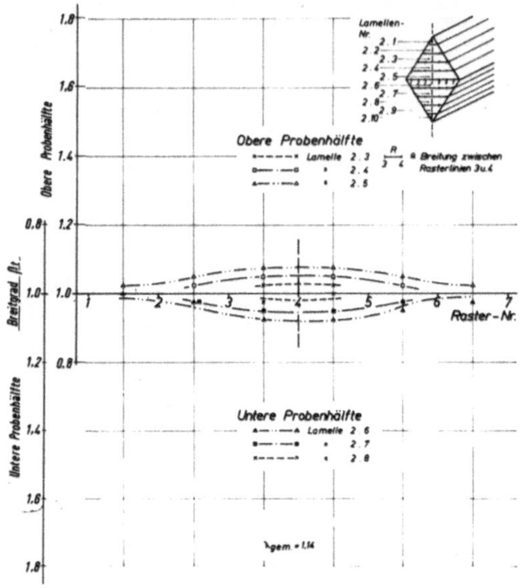

<u>Abb. 22:</u> Breitenänderung im Innern der Stichfolge Raute-Quadrat
Raute - b/h = 1,2

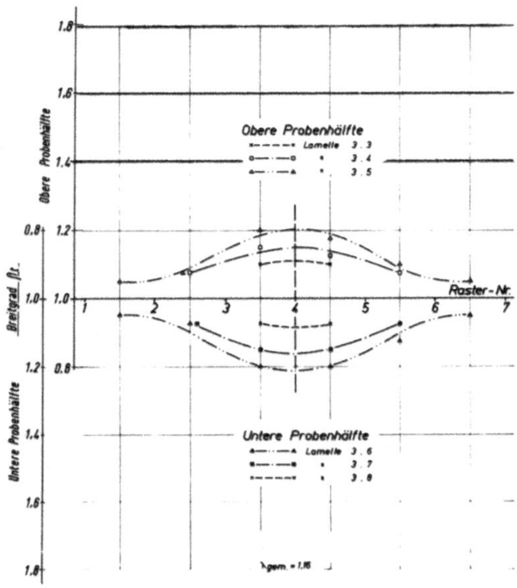

<u>Abb. 23:</u> Breitenänderung im Innern der Stichfolge Raute-Quadrat
Raute - b/h = 1,4

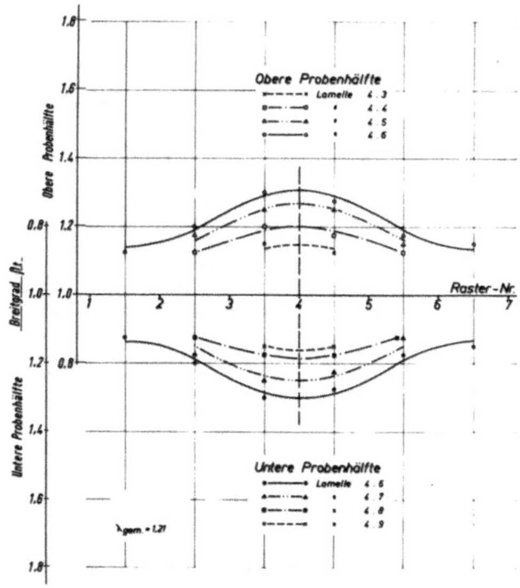

Abb. 24: Breitenänderung der Stichfolge Raute-Quadrat
Raute - b/h = 1,7

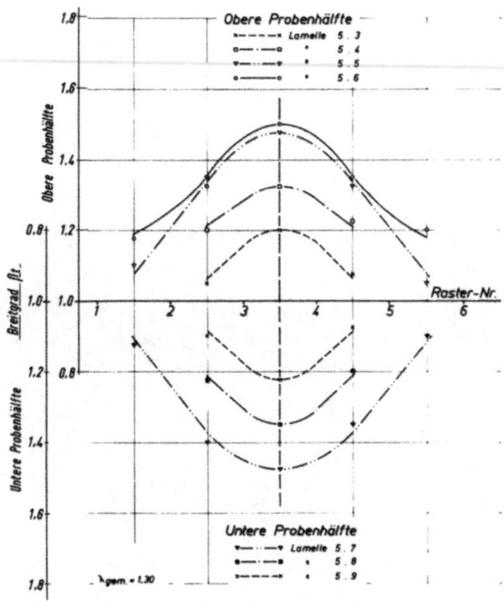

Abb. 25: Breitenänderung der Stichfolge Raute-Quadrat
Raute - b/h = 2,1

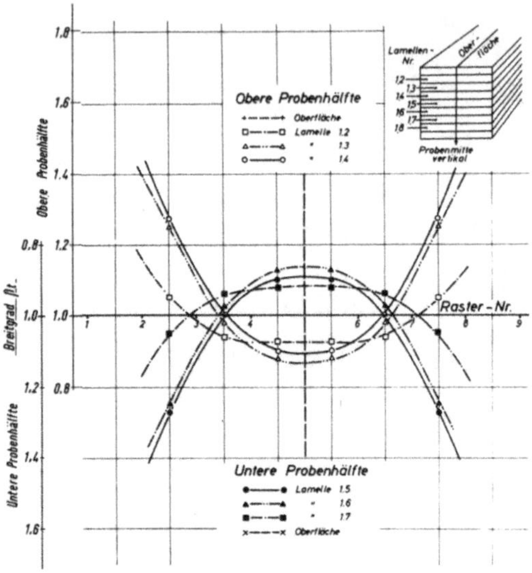

Abb. 26: Breitenänderung im Innern der Stichfolge Quadrat-Oval Oval - b/h = 1,2

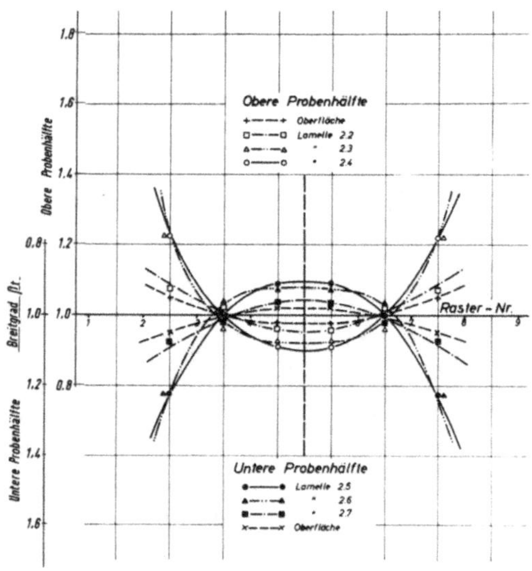

Abb. 27: Breitenänderung im Innern der Stichfolge Quadrat-Oval Oval - b/h = 1,4

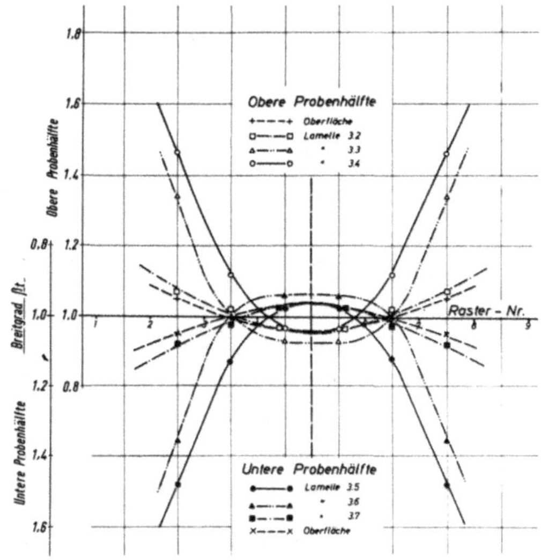

Abb. 28: Breitenänderung im Innern der Stichfolge Quadrat-Oval
Oval - b/h = 1,7

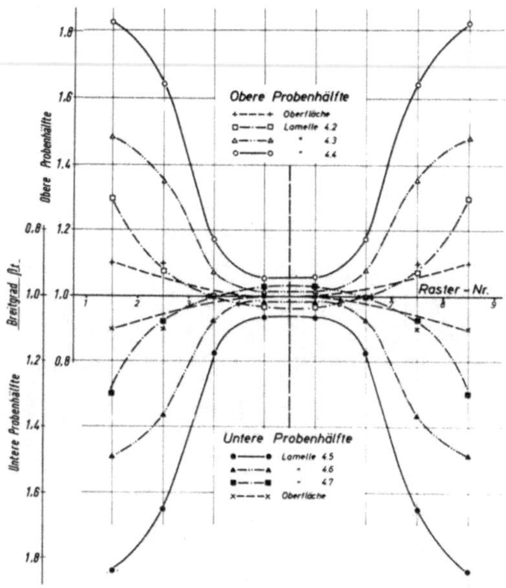

Abb. 29: Breitenänderung im Innern der Stichfolge Quadrat-Oval
Oval - b/h = 2,1

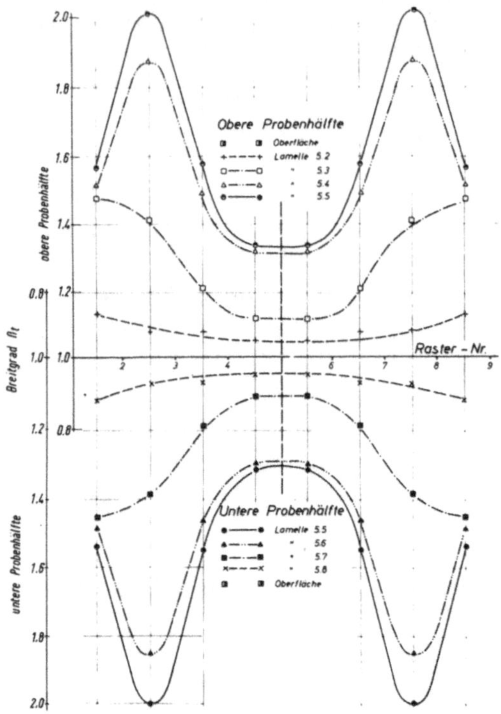

Abb. 30: Breitenänderung im Innern der Stichfolge Quadrat-Oval
Oval - b/h = 3,5

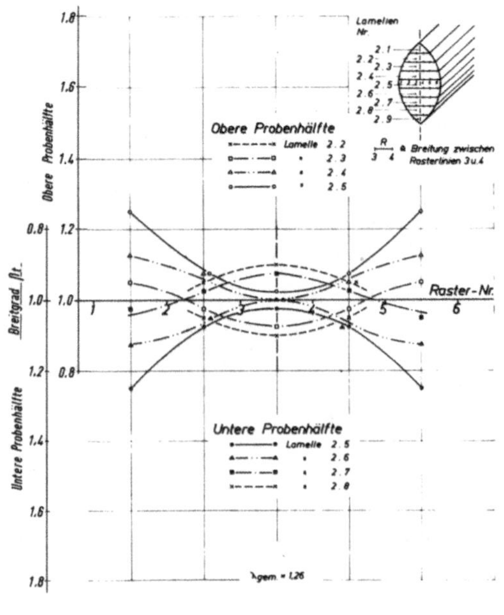

Abb. 31: Breitenänderung im Innern der Stichfolge Oval-Quadrat
Oval - b/h = 1,4

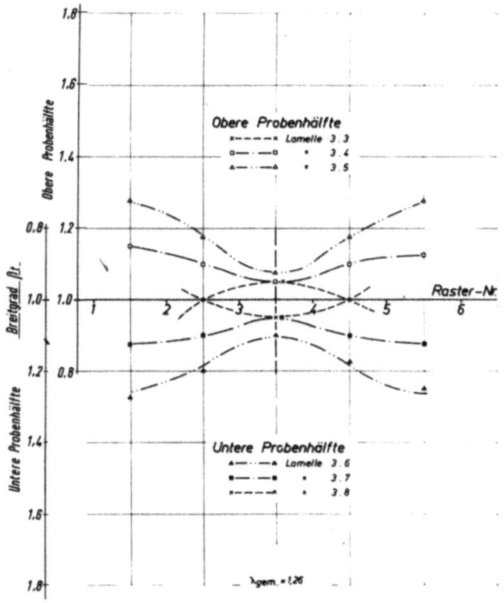

Abb. 32: Breitenänderung im Innern der Stichfolge Oval-Quadrat
Oval - b/h = 1,7

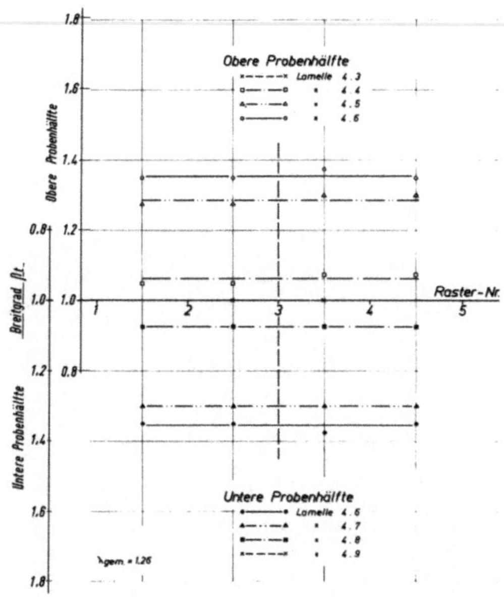

Abb. 33: Breitenänderung im Innern der Stichfolge Oval-Quadrat
Oval -.b/h = 2,1

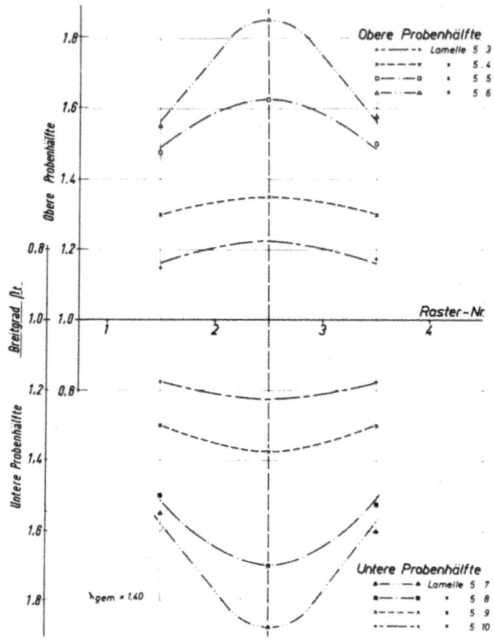

Abb. 34: Breitenänderung im Innern der Stichfolge Oval-Quadrat
Oval - b/h = 3,5

Abb. 35: Breitenänderung im Innern der Stichfolge Oval-Quadrat

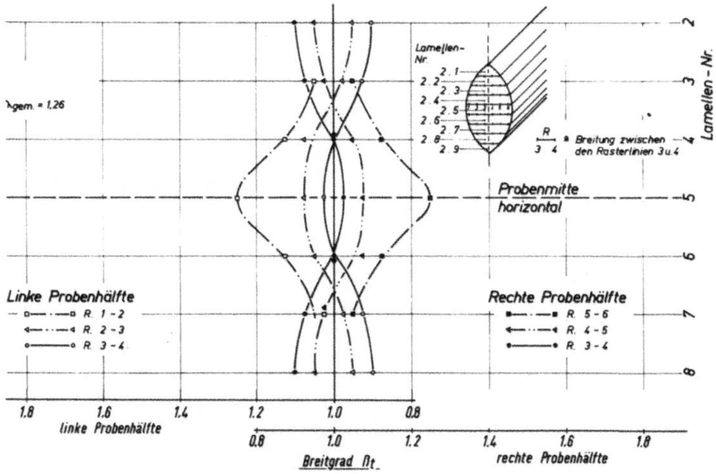

Abb. 35 a: Oval - b/h = 1,4

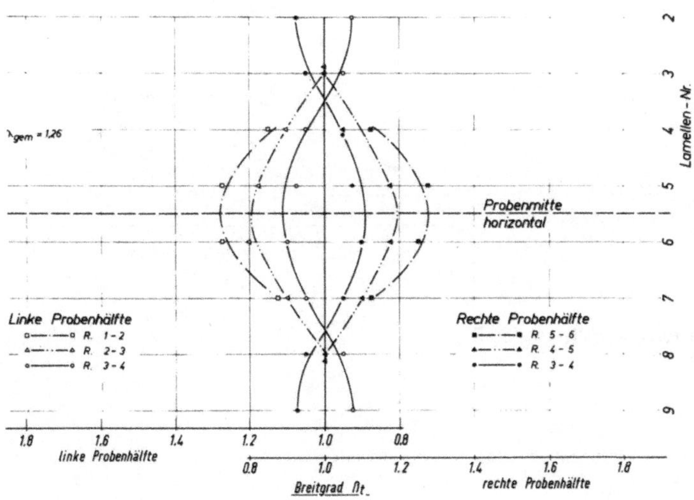

Abb. 35 b: Oval - b/h = 1,7

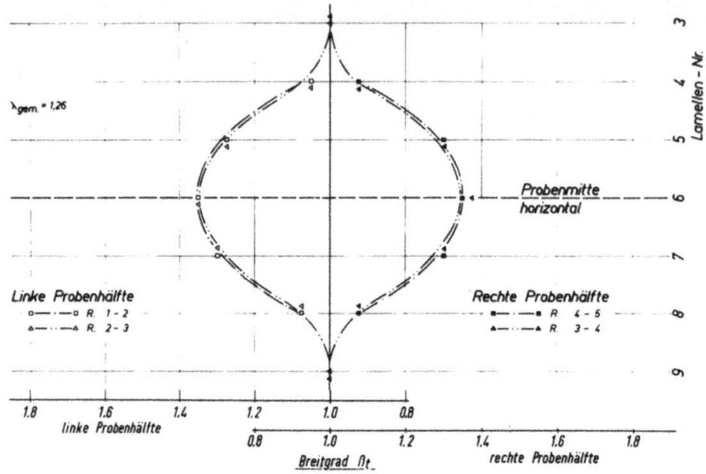

Abb. 35 c: Oval - b/h = 2,1

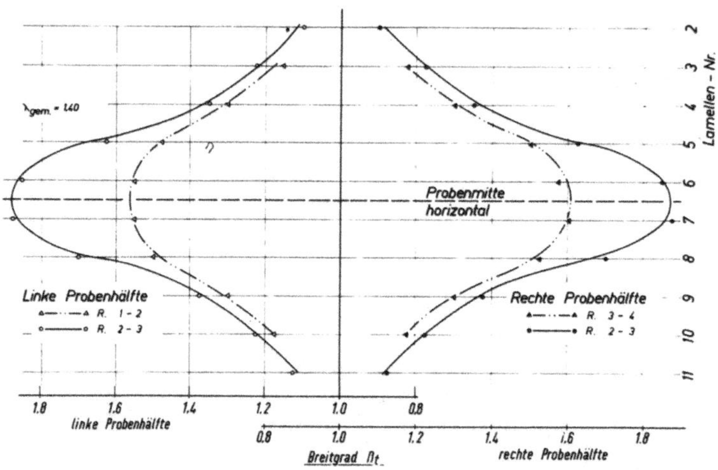

Abb. 35 d: Oval - b/h = 3,5

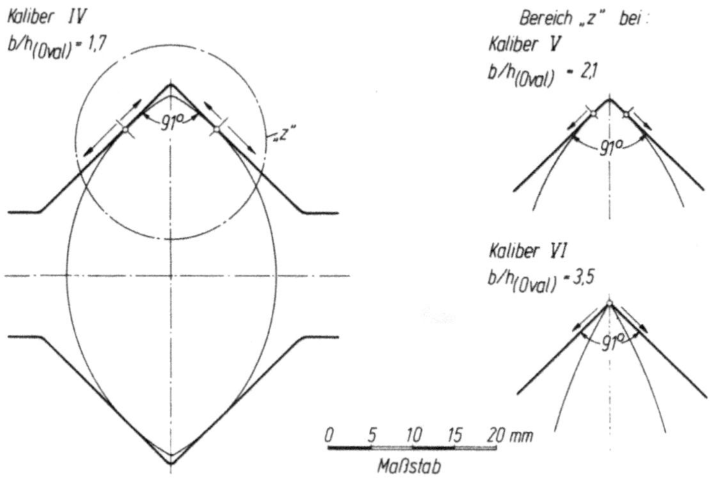

Abb. 36: Maßstäbliche Darstellung der Berührungspunkte beim Einführen von Ovalproben verschiedener b/h-Verhältnisse in Quadratkalibern

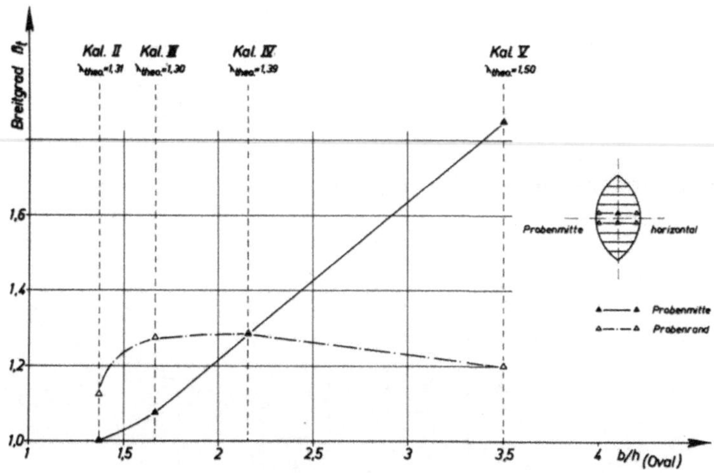

Abb. 37: Teilbreitungen ausgewählter Querschnittsteile der Stichfolge Oval-Quadrat in Abhängigkeit vom b/h-Verhältnis der Eintrittsovale

Abb. 38: Breitenänderung im Innern - Stichfolge: Oval-Rund; Oval - b/h = 1,7

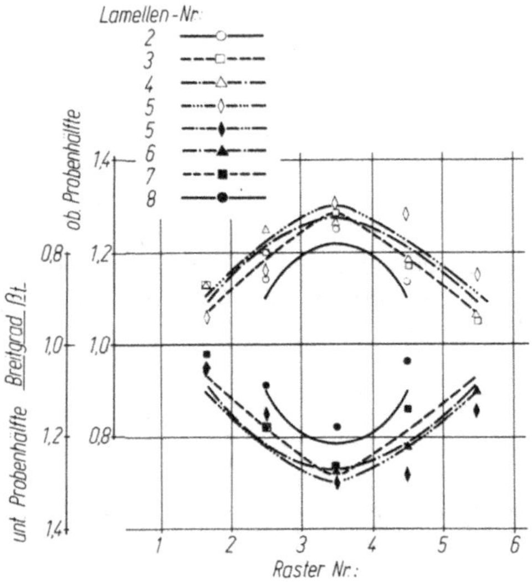

Abb. 38a: Endquerschnitt - durchgewalzt

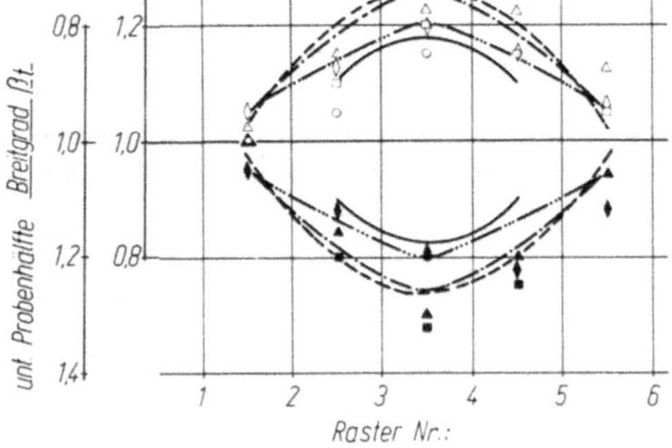

Abb. 38b: Endquerschnitt - abgebremst

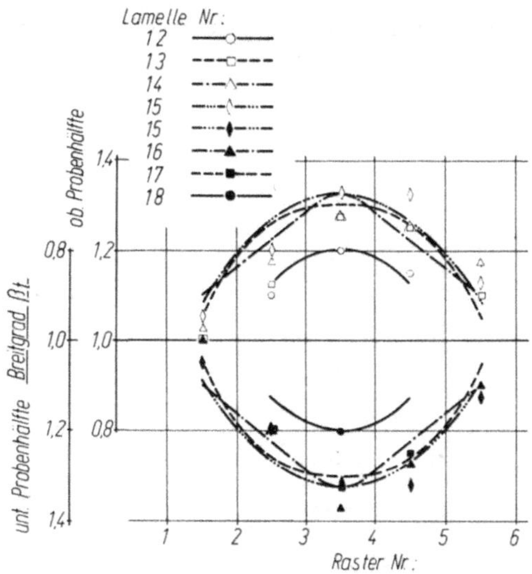

Abb. 38 c: Querschnitt Mitte ($1_d/2$) - abgebremst

Abb. 39: Breitenänderung im Innern - Stichfolge: Quadrat-Sechskant

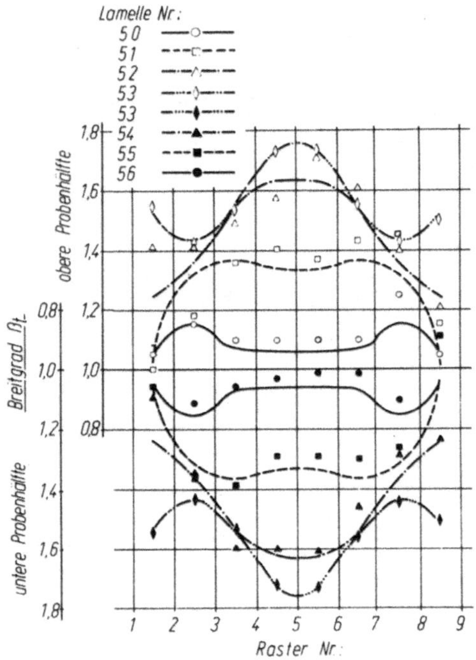

Abb. 39a: Endquerschnitt - durchgewalzt

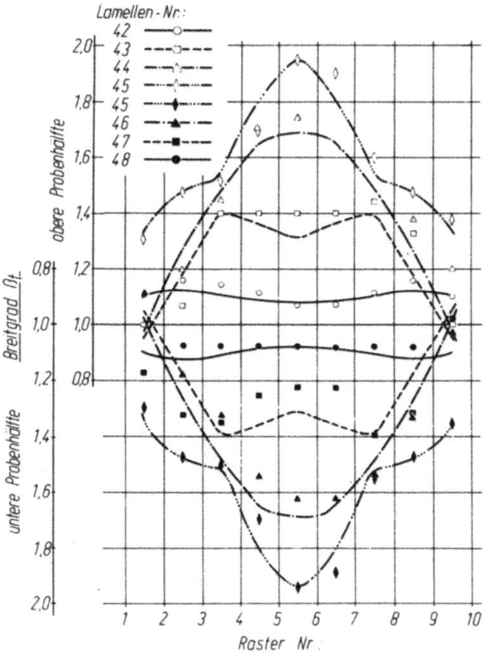

Abb. 39 b: Endquerschnitt - abgebremst

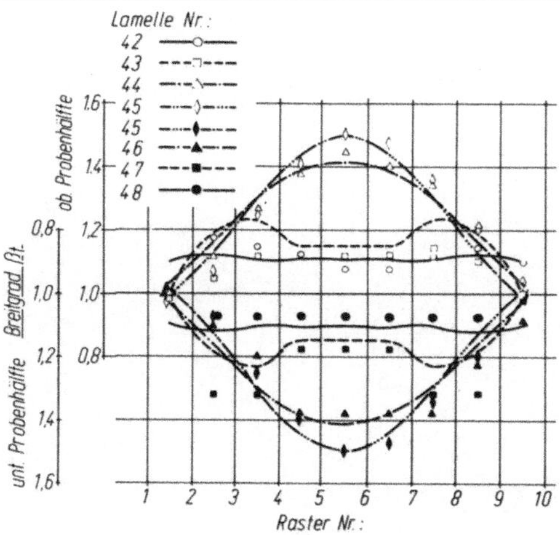

Abb. 39 c: Querschnitt Mitte ($1_d/2$) - abgebremst

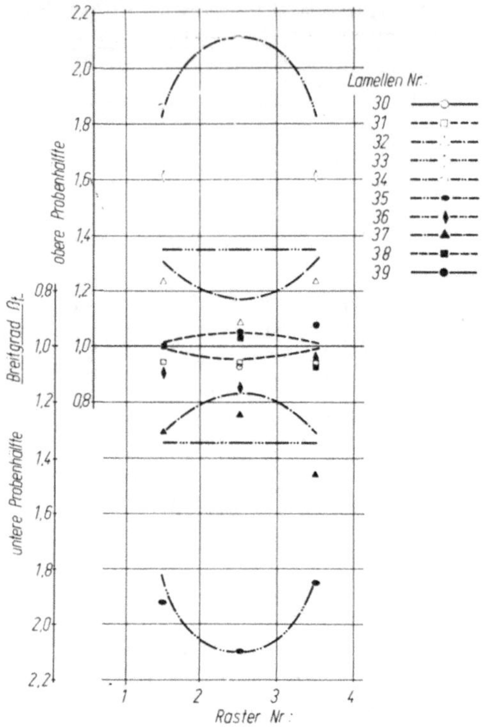

Abb. 40: Breitenänderung im Innern des Walzgutquerschnittes
Stichfolge: Sechskant-Quadrat

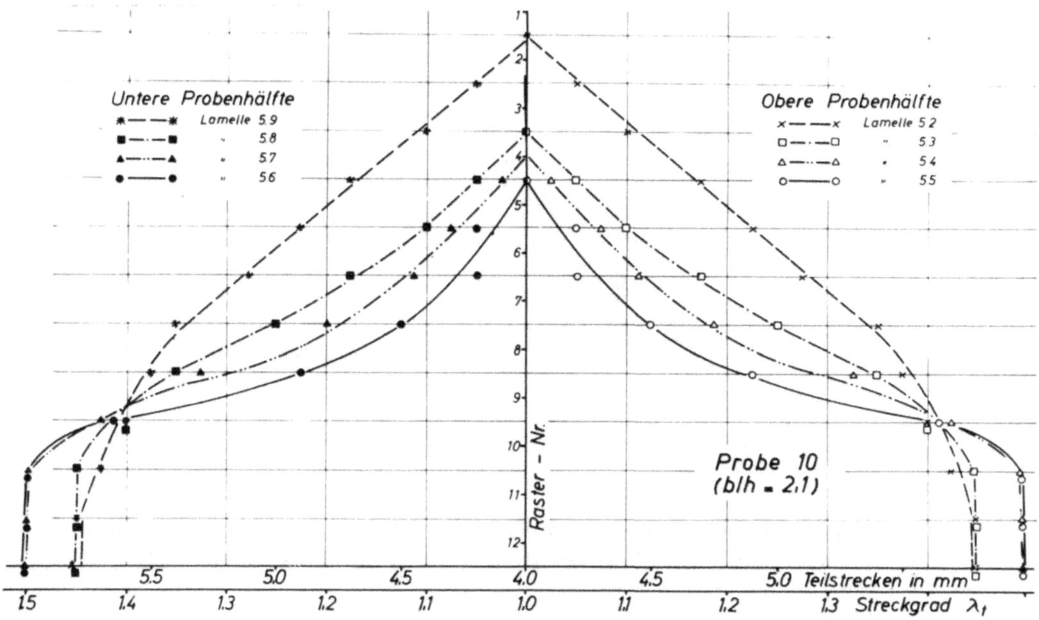

Abb. 41: Teilstreckgrad λ_t über der gedrückten Länge gemessen in vertikaler Symmetrieebene bei der Stichfolge Quadrat-Raute

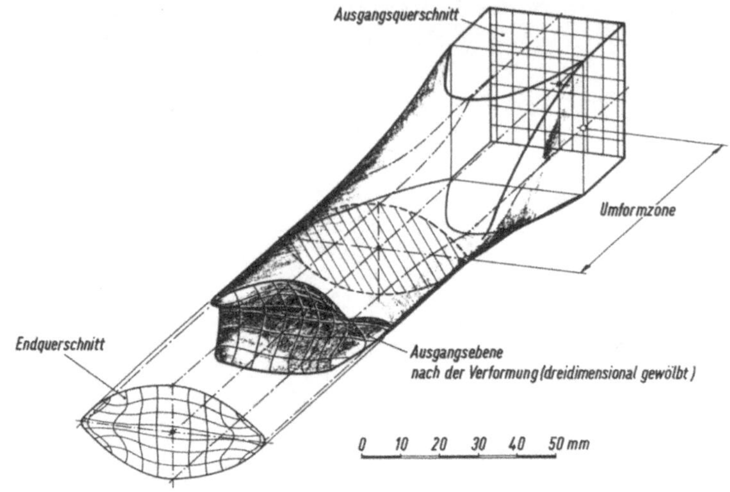

Abb. 42: Dreidimensionale Linienverkrümmung senkrechter Ausgangsraster nach dem Walzen in einem Ovalkaliber (b/h = 2,1)

Abb. 43: Linienverkrümmung von Querrastern in den einzelnen Schichten nach der Verformung bei einer ausgefächerten Oval-Probe (b/h = 1,4) - Draufsicht

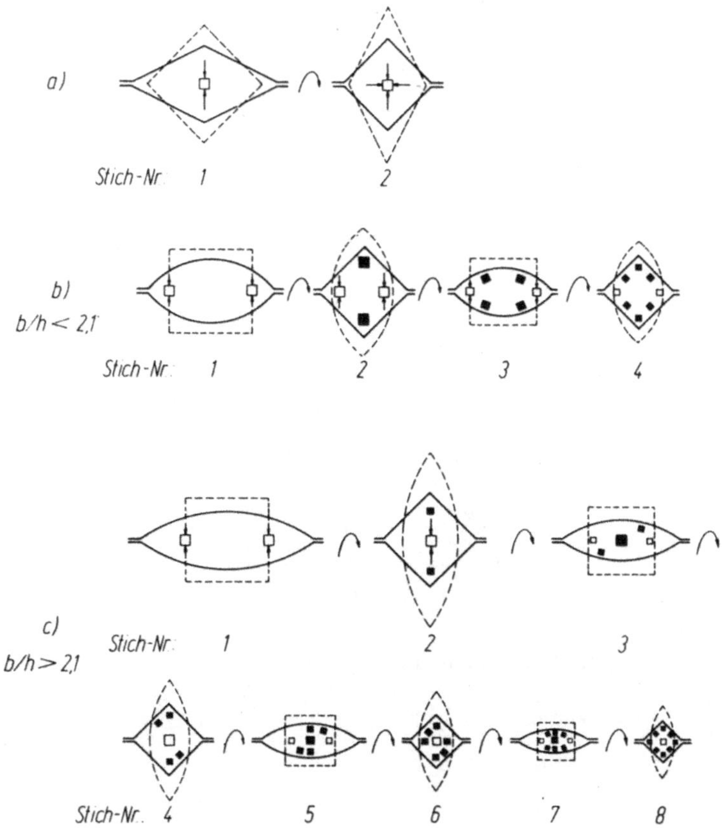

Abb. 44: Verteilung der Gebiete größter Formänderung im Querschnitt beim Walzen in verschiedenen Kaliberreihen - Schema

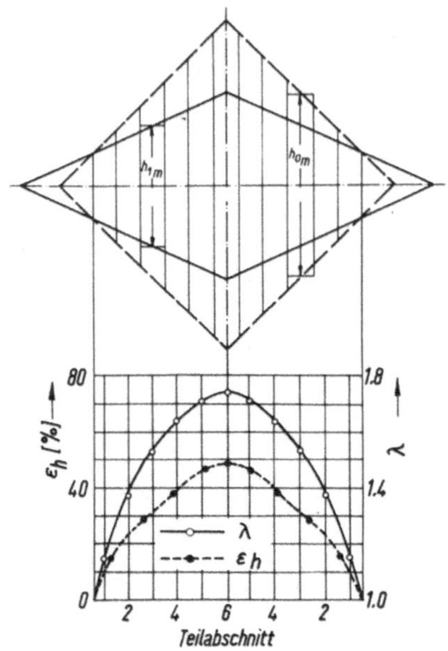

Abb. 45: Teillängungsschaubild nach Tafel (14)

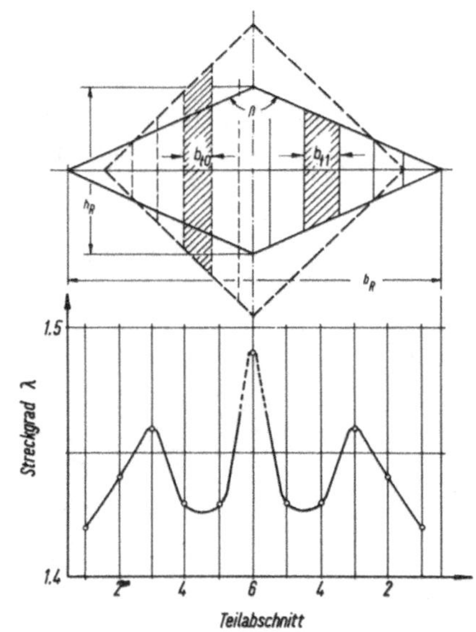

Abb. 46: Teillängungsschaubild unter formeller Berücksichtigung der Breitung

Forschungsberichte des Landes Nordrhein-Westfalen

Herausgegeben im Auftrage des Ministerpräsidenten Heinz Kühn
vom Minister für Wissenschaft und Forschung Johannes Rau

Sachgruppenverzeichnis

Acetylen · Schweißtechnik
Acetylene · Welding gracitice
Acétylène · Technique du soudage
Acetileno · Técnica de la soldadura
Ацетилен и техника сварки

Arbeitswissenschaft
Labor science
Science du travail
Trabajo científico
Вопросы трудового процесса

Bau · Steine · Erden
Constructure · Construction material · Soilresearch
Construction · Matériaux de construction · Recherche souterraine
La construcción · Materiales de construcción · Reconocimiento del suelo
Строительство и строительные материалы

Bergbau
Mining
Exploitation des mines
Minería
Горное дело

Biologie
Biology
Biologie
Biologia
Биология

Chemie
Chemistry
Chimie
Quimica
Химия

Druck · Farbe · Papier · Photographie
Printing · Color · Paper · Photography
Imprimerie · Couleur · Papier · Photographie
Artes gráficas · Color · Papel · Fotografía
Типография · Краски · Бумага · Фотография

Eisenverarbeitende Industrie
Metal working industry
Industrie du fer
Industria del hierro
Металлообработывающая промышленность

Elektrotechnik · Optik
Electrotechnology · Optics
Electrotechnique · Optique
Electrotécnica · Optica
Электротехника и оптика

Energiewirtschaft
Power economy
Energie
Energía
Энергетическое хозяйство

Fahrzeugbau · Gasmotoren
Vehicle construction · Engines
Construction de véhicules · Moteurs
Construcción de vehículos · Motores
Производство транспортных средств

Fertigung
Fabrication
Fabrication
Fabricación
Производство

Funktechnik · Astronomie
Radio engineering · Astronomy
Radiotechnique · Astronomie
Radiotécnica · Astronomía
Радиотехника и астрономия

GPSR Compliance

The European Union's (EU) General Product Safety Regulation (GPSR) is a set of rules that requires consumer products to be safe and our obligations to ensure this.

If you have any concerns about our products, you can contact us on ProductSafety@springernature.com

In case Publisher is established outside the EU, the EU authorized representative is:

Springer Nature Customer Service Center GmbH
Europaplatz 3
69115 Heidelberg, Germany

Batch number: 10577876

Printed by Printforce, the Netherlands